# 静心语录

高轶飞 ◎ 编著

人之所以活得累，无非是因为影响我们心情的东西太多。

如果你的心静了，你便会听到内心的真实感言，便可得一份随缘的自在。

中国华侨出版社

图书在版编目（CIP）数据

静心语录 / 高轶飞编著 . —北京：中国华侨出版社，2014.4

ISBN 978 - 7 - 5113 - 4533 - 2

Ⅰ.①静⋯　Ⅱ.①高⋯　Ⅲ.①人生哲学 – 通俗读物　Ⅳ.①B821 - 49

中国版本图书馆 CIP 数据核字（2014）第 063632 号

● 静心语录

编　　著/高轶飞
责任编辑/文　筝
封面设计/智杰轩图书
经　　销/新华书店
开　　本/710 毫米×1000 毫米　1/16　印张 16　字数 220 千字
印　　刷/北京一鑫印务有限责任公司
版　　次/2014 年 6 月第 1 版　2019 年 8 月第 2 次印刷
书　　号/ISBN 978 - 7 - 5113 - 4533 - 2
定　　价/32.00 元

中国华侨出版社　北京朝阳区静安里 26 号通成达大厦 3 层　邮编 100028
法律顾问：陈鹰律师事务所
编辑部：（010）64443056　64443979
发行部：（010）64443051　传真：64439708
网　　址：www.oveaschin.com
e - mail：oveaschin@sina.com

# 前 言

人活的是什么？说到底，活的就是一个心情！人之所以活得累，无非是因为影响我们心情的东西太多。阴雨秋风，人情冷暖，四季风景……一切的一切，都可能成为我们心情起伏的祸根，让我们每每纠结其中。

于是在纠结中百转千回，我们的人生便有了"四苦"。

这"四苦"：

一是苦于看不透，看不透人与人之间的纠结与争斗，看不透红尘之中的喧嚣与宁静；

二是苦于舍不得，舍不得曾经的拥有，过去的精彩，舍不得得意之时的虚荣与掌声，舍不得一抹流沙之间滑落；

三是苦于输不起，输不起一时之成败，输不起一段情感之失，输不起人生之中的每一次博弈；

四是苦于放不下，放不下日渐远离的人与事，放不下早已尘封的是与非，放不下痛了又痛的回忆。

于是我们真的很累！可是，累了为何不让自己休息一下？烦了为何不让自己轻松一下？其实这没有多难，只要一切随意就好，因为刻意了就会失意，希望了就会失望。淡泊一点，淡看是与非，淡看名与利，淡看爱与恨，淡看情与仇，我们就很容易剔除人生中的四苦，回归内心的宁静。

其实静心想想，我们的烦恼不过如此——

你生气，是因为你心胸狭隘，你郁闷，是因为你内心阴霾；你焦虑，

是因为你心灵浮躁；你悲伤，是因为你不够坚强；你哀怨，是因为你不够阳光；你忌妒，是因为你不够优秀……每一次心乱，都是因为你的人生修行不够。

　　那么，何不给自己一本《静心语录》？心乱时不妨默念那些人生箴言，将心放宽，恍然之间，你会觉得人生处处都是春天。

　　于是你的心静了，你便会听到内心的真实感言。它会告诉你，或许你正狂热追求的，并非是心所想要的，或许那只是迁就了别人；它会告诉你，或许你正为之魂断的，未必是心真正想爱或者该爱的，或许那只是一时的不甘心……

　　坐下来，念一念《静心语录》，而后静赏花开，静观水流，你的心便静了，自然也就看清了，你便可得一份随缘的自在。而人生也自然少了"看不透"、"舍不得"、"输不起"、"放不下"的纠结……

# 目录

1. 时间很残忍，珍惜眼前人

　　劣浪漫 ················································· 2

　　何以为家 ················································ 3

　　头回米的亲情 ············································ 4

　　10元戒指，100元爱情 ····································· 5

　　玫瑰花约 ················································ 7

2. 人生如茶，不会苦一辈子，但总要苦一阵子

　　红绿灯口 ················································ 10

　　命运有两扇门 ············································ 11

　　灾祸中的感悟 ············································ 12

　　感谢伤口 ················································ 13

　　不过一次失败而已 ········································ 15

　　你的眼中只有"黑点"吗 ···································· 16

　　困境的价值 ·············································· 17

## 3. 烦恼是别人给予的耻辱、自己坚持的幻觉

繁华与落寞 …………………………………… 20
"悲惨世界"不悲惨 …………………………… 21
被"遗言"改变的命运 ………………………… 22
一笑了之 ……………………………………… 23
所谓"咒语" …………………………………… 24
怨怒循环 ……………………………………… 25
自取烦恼 ……………………………………… 26
幸福的习惯 …………………………………… 27

## 4. 生活在谷底,依然有仰望星空的权利

挑战毁灭 ……………………………………… 30
"我很重要" …………………………………… 32
多事之秋 ……………………………………… 33
最后一片叶子 ………………………………… 35
未来的州长 …………………………………… 35

## 5. 既然太阳上也有黑点,人世间就更不可能没有缺陷

贱卖的玛瑙 …………………………………… 38
最完美的树叶 ………………………………… 39
水至清则无鱼 ………………………………… 40
谁会心满意足 ………………………………… 41
为妻换鼻 ……………………………………… 42
所谓完美爱情 ………………………………… 43
未完成的心愿 ………………………………… 44

残缺也是一种美 ……………………………… 45

做什么没有风险 ……………………………… 46

苦难是块垫脚石 ……………………………… 48

## 6. 成熟的稻穗垂首而立

懂得谦让,才能存身 ………………………… 50

原来这么浅 …………………………………… 51

低看自己一眼 ………………………………… 52

要么不飞,要么冲天 ………………………… 53

跪射俑 ………………………………………… 54

豪华·哲斯顿的成功诀窍 …………………… 55

## 7. 所谓的门槛,过去了便是门,过不去就成了坎

冬梅绽放 ……………………………………… 58

独臂也能搬砖 ………………………………… 59

后主之祸 ……………………………………… 60

至少你还有鞋子穿 …………………………… 61

金靴奖是怎样炼成的 ………………………… 62

真相 …………………………………………… 63

## 8. 命运负责洗牌,但是玩牌的是我们自己!

一副烂牌 ……………………………………… 66

恒则富 ………………………………………… 66

东京少女的迷茫 ……………………………… 67

布莱恩特的对抗 ……………………………… 68

请别为我伤心 ………………………………… 70

工程师之殇 ………………………………………………… 71

## 9. 如果冬天来了，春天还会远吗

　　绝处逢生 ………………………………………………… 74
　　我的手指还能动，我的大脑还能思考 …………………… 75
　　祸不单行 ………………………………………………… 76
　　一条金项链 ……………………………………………… 77
　　多想也没用 ……………………………………………… 78
　　希望的种子 ……………………………………………… 79

## 10. 迟钝一点，你的烦恼就少一点

　　不受欢迎的原因 ………………………………………… 82
　　是聪明，还是愚蠢 ……………………………………… 83
　　"木讷"的威尔逊 ………………………………………… 84
　　迟钝一点，错误反而少一点 …………………………… 85
　　婆媳关系 ………………………………………………… 86
　　困难面前闭上眼睛 ……………………………………… 87

## 11. 所谓心态，拆解开来就是——心大一点

　　放正心态，就能过得轻松 ……………………………… 90
　　放宽心，淡化痛 ………………………………………… 91
　　做精神的主人 …………………………………………… 92
　　死神一样可以战胜 ……………………………………… 93
　　人生乐在豁达 …………………………………………… 94
　　不要自己吓自己 ………………………………………… 96

## 12. 如果爱,请深爱;不能爱,请离开

这便是爱 ·········································· 98
每天拥抱一分钟 ································· 99
前世今生 ········································· 101
缘分 ·············································· 102
爱如风 ··········································· 104

## 13. 不要太在乎一些人,越在乎,越卑微

请不要为谁哭泣 ································ 106
何必坚持 ········································ 107
谁的损失 ········································ 107
下一个他会更好 ································ 109

## 14. 爱情就像攥在手里的沙子,攥得越紧,流失得越快

只要现在是我的 ································ 112
天在下雨 ········································ 112
把权力还给她 ··································· 114
有一种爱叫作放手 ······························ 115
别为琐事影响感情 ······························ 116
爱的极致是宽容 ································ 117

## 15. 发脾气是因为你把自己看得太大

了无一物,何气之有 ···························· 120
长寿的秘诀 ······································ 121

有见识的人不轻易发怒 …………………………………… 122

仇恨袋 …………………………………………………… 124

死囚的遗言 ……………………………………………… 124

控制坏脾气 ……………………………………………… 125

总统的格局 ……………………………………………… 126

## 16. 聪明人，无谓争意气

化谩骂于无形 …………………………………………… 130

不要太霸道 ……………………………………………… 131

谁占上风 ………………………………………………… 132

化干戈为玉帛 …………………………………………… 133

擦亮丢向你的那双鞋 …………………………………… 134

## 17. 幸福如鱼饮水，冷暖自知

糊涂老人 ………………………………………………… 136

坚持自我 ………………………………………………… 137

拥有花，就去深嗅花的芬芳 …………………………… 139

感恩生活 ………………………………………………… 140

老鼠的幻觉 ……………………………………………… 141

## 18. 一辈子不长，对自己好点

不要背着石头上路 ……………………………………… 144

控制不了，就去喜欢 …………………………………… 145

烦恼的根源 ……………………………………………… 146

别为打翻的牛奶哭泣 …………………………………… 147

别让你的负重累及亲朋 ………………………………… 148

忘记过去,从头再来 ································· 149

## 19. 幸福的最大障碍,就是对幸福的奢望太多

价值 ············································· 152
寻找快乐 ········································· 153
如此乞丐 ········································· 154
吝啬鸟 ··········································· 155
你在意的是什么 ··································· 156
两只老虎 ········································· 157

## 20. 上天不给我们的,无论我们十指怎样紧扣,仍然漏走

命运的两扇门 ····································· 160
真的痛了,自然放下 ······························· 161
生命的得失 ······································· 162
该放手时须放手 ··································· 163
失之东隅,收之桑榆 ······························· 164
欲不抛又安可得 ··································· 165

## 21. 得之我幸,不得我命,如此而已

欲有所得,必先有舍 ······························· 168
丢失的发夹 ······································· 169
舍而后得 ········································· 170
不过损失 2 美元 ·································· 171
万事随缘 ········································· 172

## 22. 伟大如恺撒者，死后也是两手空空

钱财身外物 …………………………………… 174

欲望负担 ……………………………………… 175

欲念陷阱 ……………………………………… 176

金钱与生活 …………………………………… 177

满脑子都是钱 ………………………………… 179

真正需要的是什么 …………………………… 179

## 23. 纵然迷惘，也要守住心中的善

大爱无涯 ……………………………………… 182

生杀大权 ……………………………………… 183

穿山甲的母爱 ………………………………… 184

侠骨侠情 ……………………………………… 185

地狱与天堂 …………………………………… 187

善者无私 ……………………………………… 188

## 24. 原谅别人，就是给自己心中留下空间

大肚能容，了却人间多少事 ………………… 190

学会遗忘与原谅 ……………………………… 191

将仇恨化作美好 ……………………………… 192

忘记伤口 ……………………………………… 193

放下屠刀，立地成佛 ………………………… 194

冤冤相报何时了 ……………………………… 196

以德报怨，最为难得 ………………………… 197

## 25. 不要让忌妒毁掉你的幸福

忌妒是妖魔 ················································ 200
心中有把刀 ················································ 202
忌妒他人是在毁自己 ···································· 203
夫妻妒影 ···················································· 205
周瑜之死 ···················································· 206
为对手喝彩 ················································ 207

## 26. 做好事,不能少我一人;做坏事,不能多我一人

诸恶莫做,诸善奉行 ···································· 210
象牙筷子 ···················································· 211
远离冷漠 ···················································· 212
佛度有缘人 ················································ 213
每天为别人做一件善事 ································ 214

## 27. 君子如水,随方就圆,无处不自在

含蓄不露,便是好处 ···································· 216
忘记那些不愉快 ·········································· 217
让舌头打个弯 ············································· 219
不争功、不掠美 ·········································· 220
己欲立而立人,己欲达而达人 ······················· 222

## 28. 幸福其实很简单

饥来吃饭,困来即眠 ···································· 224

处处都是幸福 ················································· 225
　　幸福很简单 ····················································· 226
　　知足是福 ························································· 227
　　生命需要的仅仅是一颗心脏 ······························ 228
　　这样快乐吗 ····················································· 229
　　活得粗糙点 ····················································· 230

## 29. 每个人的心中都有一个少年

　　拣净心中的落叶 ··············································· 232
　　其实一切很简单 ··············································· 232
　　留住真我本性 ·················································· 234
　　依照本性做事 ·················································· 234
　　活得真实一点 ·················································· 236

## 30. 心中若有桃花源，何处不是水云间

　　止息心的纷扰 ·················································· 238
　　满掌阳光 ························································· 239
　　别让心被囚禁 ·················································· 239
　　天堂就在我们心中 ··········································· 240
　　不要总是盯着铁窗 ··········································· 241

# 1. 时间很残忍，珍惜眼前人

我们最大的悲哀其实总是在追求无望的东西，而习惯忽略已拥有的。如果有一天，我们失去曾经拥有的，那时你才惊觉在今生有限的生命里，有些人一直默默陪在你身边，而你却从不曾好好珍惜，是不是会悔之莫及！

## 穷浪漫

穷开心也是开心，穷浪漫何尝不是浪漫？活着，不必按照别人的标准开心。

傍晚，李雪散步到天桥，看见一个小伙子正吃力地背着个姑娘往天桥上走去，额头上渗出细细的汗珠。李雪赶忙上前搀扶，问小伙子："她生病了吧？我帮你叫车到医院吧？"

来到天桥上，那姑娘突然大笑起来。小伙子赶忙向李雪道歉："对不起，谢谢您，我们在玩游戏呢。"

"什么？"李雪尴尬中带着几许愠怒。

姑娘好半天才停住笑，告诉李雪，今天是他们结婚周年纪念日，他们特意出来逛街。"他没有钱，我也不需要什么礼物，但他有力气，所以我要他背我上天桥，这才背3个来回，他就累了。将来结婚30周年，我让他背个30来回……"姑娘趴在小伙子的肩上又笑了起来。而李雪的眼中也漾满了笑意……

### 心灵咖啡屋

也许很多人认为，浪漫必然要与鲜花、烛光、音乐联系在一起，殊不知，这世上还有一种别致的、平凡的浪漫。穷浪漫又怎样？只要两个人心心相印，穷浪漫也胜过烛光晚餐。

## 何以为家

再美的房子，没有了人这个珍贵因素，没有亲情组合，没有了爱赋予的氛围，也只是一座清冷的坟茔……

在美国洛杉矶，有一个醉汉躺在街头。警察把他扶起来，一看竟是当地的富翁。可是，当警察说要送他回家时，富翁却说："家？我没有家！"

警察指着不远处的别墅茫然地问道："那是什么？"

"那是我的房子。"富翁说。

很多人认为，家无非是一所房子或一个庭院。然而，假如你的亲人从那里搬走，假如那里没有了温馨和亲情，那还可以称之为"家"吗？对名人而言，那就只是故居，而对一般老百姓而言，只能说我们曾在那里住过，而它早已不是家了！

那么，家是什么？

一个离异的女人带着 4 岁儿子住在一辆简陋的拖车里，她没有工作，生活异常清苦。一天，她疲倦地回来，听别人问她儿子："为什么你和妈咪没房子？"她的儿子稚气而欢快地回答说："我们有一个家了，只是还差个房子，将来会有的，只要有家！"

### 心灵咖啡屋

家应该是一个充满亲情的所在，它有时在竹篱茅房，有时在高屋华堂，有时也在被遗忘的城市角落，在那些无家可归的人群之中……不懂得珍惜亲情的人，势必要被亲情所遗忘，所以即便他们居住在宫殿之中，也是没有家的可怜人……

## 买回来的亲情

时间可以换取金钱，但别忘记，它也可以换来家庭的亲情和快乐。给家庭挤出一点时间吧！因为有些东西，我们拿钱根本买不到……

一位父亲下班回家很晚了，又累又烦，他发现5岁的儿子站在门口等他。

"我可以问你一个问题吗？"儿子说。

"什么问题？"

"爸爸，你一小时能赚多少钱？"

"这与你无关，你为什么要问这个问题？"父亲生气地问。

"我只是想知道，请告诉我，你一小时赚多少钱？"小孩哀求。

"假如你一定要知道的话，我一小时赚20美元。"

"喔……"小孩低下了头，接着又说，"爸爸，可以借我10美元吗？"

父亲发怒了："如果你只是要借钱去买玩具的话，那就给我回房间上床，好好想想为什么你会这么自私。我每天长时间辛苦工作，没时间和你玩小孩子的游戏！"

小孩安静地回到自己的房间，将门关上。

父亲坐下来以后还在生气。过了一会儿，他平静下来，想着可能对孩子太凶了，或许孩子真的很想买什么东西，再说孩子平时很少要过钱。

父亲走进儿子的房间："你睡了吗？孩子。"

"爸爸，还没，我还醒着。"小孩回答。

"我刚刚可能是对你太凶了"父亲说，"我不该发脾气，这是你要的10美元。"

"爸爸，谢谢你。"孩子欢叫着从枕头下拿出一些被弄皱的钞票，慢慢地数着……

"为什么你已经有钱了还要？"父亲生气地问。

"因为在这之前不够，但我现在足够了。"小孩说，"爸爸，我现在有20美元了，我可以向你买一个小时的时间吗？明天请早一点回家，我想和你一起吃晚饭。"

### 心灵咖啡屋

如今似乎已形成这样一条公理——"忙"是不需要理由的，只要是忙，那么一切都可以放下来。可是偶尔静心，你会发现，因为"忙"，我们失去了很多，尤其是生活的内容。其实，生活本可以变得更美满、更幸福，只要我们在追求物质生活的同时，不要忘记精神生活，只要我们在忙碌的同时，不要忘了我们的父母、我们的爱人、我们的孩子、我们的朋友……

# 10元戒指，100元爱情

水无色，才是描绘人生的最好原料，才能调配出最美丽的色彩。爱情亦如此，即使没有波澜，即使没有绚烂，但它也会悄然绽放……其实，爱情就是平淡中不时散发的那一缕芬芳。

那是一段快乐的日子，两个人口袋里只有100元。

很突然地，她去了他的城市，两手空空。她说："我们就这样在一起吧。"他抱着她，紧紧地……

他的一个朋友因为打官司借了他的积蓄，所以，他的钱所剩无几。

他们在一个很安静的小区里租了一套房子，买了必需品后，打开钱包，数了一下，只有100块。

他说："没关系的，可以去朋友那里借一点，等发了工资就好了。"

她说："不借，借第一次，就会借第二次。我们要吃得起任何苦，这

样才能永远地在一起。"

她趴在床上，开始分摊钱……他抱着她，叫她老婆，把脸埋在她胸前，沉默不语。她知道他心很疼。

第一天早上，她和他一起起床，看着他洗脸刷牙，然后手拉着手，送他上班，然后回家，洗衣服、收拾房间，阳台上的风铃发出很清脆的声音，丁……零……零……她看着它笑了，那是他们明天幸福的铃声。

中午的时候，他问她："吃午饭了没有。"

她说："吃了。"

其实她没吃，她要不借钱便能过完这个月。所以，当他回来把 1000 块钱放在她手里时，她哭了。她说："我并不是一个怕吃苦的人。但是，我要我们可以坚持着做任何事。就像我来你的城市，把工作给放弃了，把朋友留在了远方，来这陌生的城市，只为了和你相爱。"

她陪着他，坐公车去他朋友的家，把钱还掉。

她怕他不吃早餐，所以，经常都给他买好早餐。有一次，夜里 11 点半，他们都睡了。她做了一个梦，梦到很多个面包店。醒来后，她发现自己忘了给他买早餐，穿着睡衣就往楼下跑。他拦着她说："干吗去啊，小心摔着！"

她说："对不起，我忘了给你买早餐了。"

她看到他哭了……

那天，她买了老婆饼——多亲切的名字。

他喜欢闻太阳的味道。但是，他更喜欢抱着她，闻她的味道。他说："那是一个好老婆的味道。"

他们在 15 天里，花了 85 元。

他坐公车花了 26 元；早餐，30 元；中餐，她没吃；晚餐，29 元。

他发了工资，带她去逛街，他问："你想要什么呢，让我买给你。"

她带他去自己每次买菜时经过的一个小闹区，那里有很多小摊，她指着小盒子里的一个戒指，说："要它。"

那是一个只有 10 元钱的戒指……

1. 时间很残忍，珍惜眼前人

### 心灵咖啡屋

爱一个人意味着什么呢？这意味着为他的幸福而高兴，为使他能够更幸福而去做需要做的一切，并从当中得到快乐。其实生活的常态正是平淡中透着幸福。爱情归于平淡后的生活虽然朴实无华，但很温馨，也很温心。

## 玫瑰花约

人往往是在失去以后才知道曾经拥有的有多珍贵，愿我们好好把握眼前的一切，不仅仅是在爱情方面，亲情或友情亦是如此。

曾经有个男孩种了一株玫瑰，放在向阳的窗台上。那是他和一个女孩一起去买的种子和花盆。男孩总是对女孩说："你在我的心中永远是最美好的，我要种出最美的玫瑰花送给你。"女孩总是微笑地看着他，看他用专注的神情替玫瑰浇水施肥，看他用期待的眼神注视着眼前的盆栽。每当此时，女孩总会想起，当她与他第一次相见时，男孩正是用这样的神情注视着她。日子一天天过去，在男孩用心地灌溉培育之下，玫瑰长出了芽，生出了枝叶……

然而这时，男孩竟迷上了夜店、上网与BBS，常和一群朋友玩在一块儿，儿天不找女孩是常有的事。女孩越来越难找到他。女孩很担心他。

每次男孩回到家，总是会先去看看窗台上的玫瑰，看到玫瑰垂头丧气、病怏怏的，他总是心疼地责怪自己的疏忽，赶紧为它浇水施肥，日夜守护着它，希望玫瑰早日开出美丽的花朵……一天，他惊喜地看到玫瑰长出第一个花苞，高兴地打电话给女孩。等了很久电话的女孩，开心地听他用兴奋的语气说着："很快我就可以送你一束我亲手种的玫瑰了！"

男孩依然成日成夜地去玩，在家的时间越来越少。一天，当他回到

家，低垂的玫瑰知道主人回来了，微微地抬起头。可是男孩太累了，倒在床上就进入了梦乡，第二天又匆忙出门去了。许久未见到男孩的女孩终于来到男孩的家，她看到干枯的玫瑰仍残留着一片花瓣，似乎不放弃地在等着她。也许玫瑰也知道它的主人曾经那样用爱去灌溉它，就是为了让女孩能看到美丽的玫瑰绽放。

女孩看到地上有一张相片，是另一个女孩，灿烂地笑着，是自己也曾有过的笑容。女孩看着奄奄一息的玫瑰，再看看镜中憔悴的自己，不禁滴下了一滴眼泪，而残存的最后一片花瓣也在此时落下。

回到家的男孩着急地奔向窗台，却看到原本放置玫瑰的地方放着一盆仙人掌，还有一张字条。上面是女孩秀丽的笔迹："我走了！送你一株仙人掌，它不用时时浇水与照顾。但我希望你明白，不管多耐旱的植物，也会有枯死的一天……"

### 心灵咖啡屋

很多人就是这样，我们总是把身边人的关爱视为理所当然，却忘记了他们毕竟不是一株仙人掌，也许等到失去时，我们才会追悔莫及，才会发现有些人是我们心中永远的玫瑰花。

## 2.
## 人生如茶，不会苦一辈子，但总要苦一阵子

没有人不想幸福快乐地活着，然而在现实生活中不尽如人意。我们不能左右幸福，因为痛苦烦恼往往不期而至。面对痛苦烦恼，我们也许无法逃避，但我们可以选择善待自己。

## 红绿灯口

没有人可以一帆风顺，也没有人注定一生落魄。遭遇障碍时，不要忘了给自己打气；高歌猛进时，也不要忘了给自己降降压。

从孩提时起，命运之神就好像特别跟迈克过不去。

4岁那年，迈克父母在一次车祸中丧生，他被寄养在一个远房舅舅家。舅舅对他很刻薄，吆喝打骂是家常便饭。迈克懂事很早，学习非常用功，成绩出类拔萃，并考上了一所名牌大学的热门专业。但毕业那年，全国的经济颓废，他辛辛苦苦找了一年工作，却丝毫没有着落。

对迈克最好的是那位60多岁的房东老太太。她那满头白发下，仍然能看出安详与高贵。每次迈克回来，她都会开门高兴地招呼他，尽管迈克自己有钥匙。看到迈克沮丧的样子，老太太总是安慰他："迈克，事情没那么糟糕，一切都会好起来的。"迈克心里很感动，但他觉得，老太太根本体会不到自己的难处。他想，如果自己能像她那样，每天最重要的事，就是看着马路上川流不息的车辆以及熙熙攘攘的人群，他也一定会这样快乐。

有一天，迈克看到老太太出神的样子，不由得纳闷：在她的思想里，到底装着一个怎样的世界呢？那马路上每天都如此单调，对迈克来说，实在没有什么可看的。他终于忍不住问她："您每天都在看什么？有什么有趣的事情吗？"

老太太笑眯眯地望着迈克："孩子，那马路上的红绿灯，写下的是无数行人生命的征程，怎么会没有意思呢？"

"那有什么好看的？不就是红绿灯吗。"迈克还是不解。

"孩子，你还不明白。这人生呀，就像那红绿灯，一会儿红，一会儿绿。红的时候呀，就没法动了，动了就会出交通事故；绿的时候呢，就一路通畅无阻。"老太太顿了顿,"有时你远远看着那灯是绿的,等车子加速到了跟前,却可能突然就红了;有时远看是红的,到了跟前就变绿了;有的车到每个路口,都可能是绿灯变红灯;有的车到每个路口,都是红灯变绿灯。可是呀,他们最终都同样离开了这里,朝着遥远的地方去了。有了这红绿的变换,人生的步伐才有快慢调整,人生的景色才五彩斑斓。为什么要为一次红灯而焦虑不安,或为一次绿灯而兴奋不已呢。"

迈克终于醒悟,原来自己一直在人生的路口撞着红灯,而绿灯总会闪起,远方依然在召唤。带着对老太太的感激,迈克开始了新的努力。

40岁那年,迈克成了美国最著名的电脑经销商之一,拥有亿万家产。在哈佛大学演讲那天,在如雷的掌声中,他没有忘记当年那位房东老太太的教诲。他平静地说道:"我只不过是遇上了人生的绿灯而已。"

### 心灵咖啡屋

成功的时候,不要忘记人生还有红灯;失败的时候,不要忘记前边可能就是绿灯。成败体现不出一个人的价值,只是一种规律作用下的必然结果。无论成败,你都还有自己的价值,它比单纯的成败更值得重视。

## 命运有两扇门

任何不幸、失败与损失,都有可能成为我们的有利因素。生活也真的很公平,它可以将一个人的志气磨尽,也能让一个人出类拔萃,就看你是怎样的一个人。

意大利庞贝城中有位卖花女,名字叫作倪娣雅。她虽然自幼便双目失明,一直生活在黑暗之中,但却从不自怨自艾,也没有自我封闭起来,而是勇敢地选择去面对,她要像常人一样自食其力。

那日,维苏威大火山爆发了,庞贝城遭受着空前的灾难,整座城市笼

罩在浓烟和尘埃之中，不断遭受着地震的侵袭。当时，正值漆黑的午夜，惊慌失措的居民跌跌撞撞寻找出路，却始终无法走出"迷宫"。

倪娣雅一直生活在黑暗之中，这些年来又一直在走街串巷，一直在城里卖花，她的不幸反而成了大幸。倪娣雅依靠自己的触觉和听觉找到了求生之路，与此同时，她还救出了许多市民。

上苍真的很公平，命运在向倪娣雅关闭一扇门的同时，又为她开启了另一扇门……

### 心灵咖啡屋

世上的任何事物都是多面的，我们所看到的往往只是其中一个侧面，这个侧面让人痛苦，但痛苦大多可以转化。有一个成语叫作"蚌病成珠"，这是对生活最贴切的比喻。蚌因体内嵌入沙粒而痛苦，伤口的刺激使它不断分泌物质疗伤，待到伤口复合时，患处就会出现一粒晶莹的珍珠。试想，哪粒珍珠不是由痛苦孕育而成的呢？当你正经历风雨之时，想想风雨过后那明媚的阳光，想想那绚丽的彩虹，你是不是应该偷着乐呢？

## 灾祸中的感悟

没有谁能够一帆风顺，但如果你能从苦难中感悟到点什么，那么就是一种进步……

展鹏家境富裕，自幼没吃过什么苦，也没受过什么挫折，但大学毕业以后他却遇到了麻烦。

毕业后，成绩优异的展鹏如愿进入一家大型国企，20出头的他不懂收敛，率性而为，锋芒毕露。渐渐地，同事对他有了不满，纷纷在背后指责他做事毛躁、爱出风头。从小养尊处优的展鹏哪受得了这个？他感到愤怒，感到非常沮丧，于是便将工作中的种种不快统统告诉给了父亲。

## 2．人生如茶，不会苦一辈子，但总要苦一阵子

父亲听完，对展鹏讲了一个故事：某人在车祸中不幸失去双腿，亲戚朋友为他感到惋惜，纷纷前来慰问。但他却说："是的，这确实很不幸，但至少我保住了性命。由此我发现，原来活着是一件非常惬意的事情——在此之前我从没有过这种想法。你们看，我不是一样呼吸着清爽的空气，一样闲看云卷云舒吗？我虽然失去了双腿，却得到了比以前更幸福的生活。"

稍作停顿，父亲继续说道："人生中难免会有不愉快，若能像故事的主人公一样，换个角度去看问题，是不是就轻松很多？单位毕竟不是家，不可能事事都以你为中心。你应该换个角度，把这些不愉快当作一种磨炼，这样你才能尽快成熟起来。你为何不将眼前的境况当作是成长中的一笔财富呢？"

父亲的话令展鹏豁然开朗，他已经知道自己今后该怎样去做了。

### 心灵咖啡屋

能从失败中走出来的人，才有资格享受成功。倘若你整日沉浸在失败的痛苦之中，那么你永远也无法接近成功……有时，我们需要换个角度看问题，同样的一件事，以往带给你的是烦恼，换个角度看问题，它带给你的就可能是一种动力。

# 感谢伤口

无论是谁，只要生活在这世界上，生活就会给你带来大大小小的伤口，它们能使人颓废，亦能使人振奋。

朋友的3岁儿子罹患先天性心脏病，最近动过一次手术，胸前留下一道很长的伤口。

朋友告诉我，孩子有天换衣服，从镜中看见疤痕，竟骇然而哭。

"我身上的伤口这么长！我永远不会好了。"她转述孩子的话。

孩子的敏感早熟令我惊讶；朋友的反应更让我动容。

她心酸之余，解开自己的裤子，露出当年剖腹产留下的刀口给孩子看。

"你看，妈妈身上也有一道这么长的伤口。"

"因为以前你还在妈妈的肚子里的时候生病了，没有力气出来，幸好医生把妈妈的肚子切开，把你救了出来，不然你就会死在妈妈的肚子里面。妈妈一辈子都感谢这道伤口呢！"

"同样地，你也要谢谢自己的伤口，不然你的小心脏也会死掉，那样就见不到妈妈了。"

感谢伤口！这四个字如钟鼓声直撞心头，我不由低下头，检视自己的伤口。

它不在身上，而在心中。

那时节，工作屡遭挫折，加上在外独居，生活寂寞无依，更加重了情绪的沮丧、消沉，但生性自傲的我，不愿示弱，便企图用光鲜的外表、强悍的言语加以抵御。

隐忍内伤的结果，终至溃烂、化脓，直至发觉自己已经开始依赖酒精来逃避现状，为了不致一败涂地，才决定举刀割除这颗败的生活，辞职搬回父母家。

如今伤势虽未再恶化，但这次失败的经历却像一道丑陋的疤痕，刻画在胸口。认输、撤退的感觉日复一日强烈，自责最后演变为自卑，使我彻底怀疑自己的能力。

好长一段时日，我蛰居家中，对未来裹足不前，迟迟不敢起步出发。

朋友让我懂得从另一方面来看待这道伤口：庆幸自己还有勇气承认失败，重新来过，并且把它当成时时警惕自己，匡正以往浮夸、矫饰作风的记号。

感谢伤口，更感谢朋友！

2. 人生如茶，不会苦一辈子，但总要苦一阵子

**心灵咖啡屋**

当发现自己错了，首先要做的不是去遮掩，而是改过。对自己的弱点和失败唯恐避之不及，试图找理由逃避，最终不是在失败的痛楚中再次倒下，就是在遮掩中失去其他值得留存的东西。

## 不过一次失败而已

人生之中，我们难免要输掉几场比赛。当然，这可能会令你的努力付诸东流，但这不是生死攸关的事情！

1985年，17岁的鲍里斯·贝克作为非种子选手，赢得了温布尔登网球公开赛冠军，一举震惊了世界。一年以后他卷土重来，成功卫冕。又过了一年，在一场室外比赛中，19岁的他在第二轮输给了名不见经传的对手，因而出局。在后来的新闻发布会上，人们问他有何感受。以在他那个年龄少有的机智，他答道："你们看，没人死去，我只不过输了一场网球赛而已。"

是的，只不过输了一场比赛而已。当然，这是温布尔登网球公开赛；奖金很丰厚，但这不是生死攸关的事情！当你遭遇挫折时，就当是为自己交一次学费好了。

**心灵咖啡屋**

别为一次的失败而苦恼，人生的成功大多基于无数次的失败，失败已成事实，再苦恼亦是于事无补，莫不如从头开始努力，借助失败的经验和教训，漂漂亮亮地再向成功大力冲击一次。

## 你的眼中只有"黑点"吗

人生之初，恰似一张白纸，将为这张白纸绘上何种色彩，要看你心中承载的是什么。

某人连连受挫，濒临崩溃，他感觉自己的人生一片昏暗，他似乎已经找不到活下去的理由。他找到心理咨询师，向对方诉说着自己的失意与苦恼。

咨询师听完他的抱怨，取来一张中间带有黑点的白纸："先生，你看到了什么？"

"不就是一个黑点，还有什么？"该人感到莫名其妙。

"天啊，这么大一张白纸你都没有看到？"咨询师故作惊讶，"那好吧，既然你眼中只有黑点，就盯着这个黑点看2分钟。记住！不能将眼睛移向别处，看看你会有什么发现。"

该人依言而行。

"黑点似乎变大了。"

"是的，如果将眼睛集中在黑点上，它就会越来越大，乃至充斥你整个人生，这是非常不幸的。"说着，咨询师又取来一张黑纸，中间部位画有一个白点，"你再看看这张。"

该人似乎有所领悟："是个白点，如果我一直看下去，它也会越来越大，对吗？"

"非常正确！倘若能够在黑暗中看到光明，并将眼睛集中在光明上，你的世界早晚会明亮起来。"

### 心灵咖啡屋

人的烦恼源于内心，快乐同样源于内心，快乐或是烦恼，要看我们的内心如何去感受。白纸上的黑点和有白点的黑纸,着眼点不同,看到的结果自然不同。人生不如意事十之八九,倘若你一直盯着"黑点"不放,它就会吞噬原本属于你的光明。转移你的视线,去寻找生命中的"白点",你一定会获得快乐和幸福。

## 困境的价值

每经历一个障碍,就有一个新的收获,只要你愿意,任何一个障碍,都会成为一个超越自我的契机。

有一天,素有森林之王之称的狮子来到了造物主面前:"我很感谢你赐给我雄壮威武的体格、强大无比的力气,让我有足够的能力统治这整片森林。"

造物主听了,微笑地问:"但这不是你今天来找我的目的吧?看起来你似乎正在受某事的困扰呢!"

狮子轻轻吼了一声,说:"您真是明察秋毫啊!我今天来的确是有事相求。因为,虽然我的能力很强大,但是每天鸡鸣的时候,我总是会被它吵醒。万能的主啊!祈求您,再赐给我一个力量,让我不再被鸡鸣声给吵醒吧!"

造物主笑道:"你去找大象吧,它会给你一个满意的答复的。"

狮子兴冲冲地跑到湖边找大象,还没见到大象,就听到大象跺脚所发出的"砰砰"响声。狮子加速跑向大象,却看到大象正气呼呼地直跺脚。

狮子问大象:"你干吗发这么大的脾气?"

大象拼命摇晃着大耳朵,吼着:"有只讨厌的小蚊子,总想钻进我的耳朵里,害我都快痒死了。"

狮子离开了大象,心里暗自想着:"原来体型这么巨大的大象,还会怕那么瘦小的蚊子,那我还有什么好抱怨的呢?毕竟鸡鸣也不过一天一

次，而蚊子却是无时无刻地骚扰着大象。这样想来，我可比它幸运多了。"

狮子一边走，一边回头看着仍在跺脚的大象，心想："神要我来看看大象的情况，应该就是想告诉我，谁都会遇上麻烦事，而他并无法帮助所有人。既然如此，那我只好靠自己了！反正以后只要鸡鸣时，我就当鸡是在提醒我该起床了。如此一想，鸡鸣声对我还算是有益处呢？"

### 心灵咖啡屋

很多人都是这样，无论他们此前走得多顺利，只要遇到哪怕稍微一点的不如意，就会习惯性地怨天尤人，希望能够得到更多的帮助。但实际上，上苍很公平，就像它对待狮子和大象一样，每种困境都有其存在的正面价值。

## 3.
## 烦恼是别人给予的耻辱、自己坚持的幻觉

你万箭穿心,你痛不欲生,那也仅仅是你一个人的事。别人也许会同情,也许会嗟叹,但永远不会清楚你伤口究竟溃烂到何种境地。所以,不要把希望寄托在别人身上,对自己好一点吧!

## 繁华与落寞

**不管别人怎么看，只有自己心底的幸福是真的。**

　　20世纪的女作家张爱玲的一生完整地诠释了悲观给人带来的负面影响是多么巨大。张爱玲一生十分矛盾，她是一个善于将艺术生活化、生活艺术化的享乐主义者，又是一个对生活充满悲剧感的人；她是名门之后、贵族小姐，却宣称自己是一个自食其力的小市民；她悲天悯人，时时洞见芸芸众生"可笑"背后的"可怜"，却在实际生活中显得冷漠寡情；她在20世纪40年代的上海大红大紫，几十年后，她在美国又深居简出，过着与世隔绝的生活。所以有人说："只有张爱玲才可以同时承受灿烂夺目的喧闹与极度的孤寂。"

　　这种生活态度的确不是普通人能够承受和理解的，但用现代心理学的眼光看，其实张爱玲的这种生活态度源于她始终抱着一种悲观的心态活在人间，这种悲观的心态让她无法真正地融入生活，因此她总在两种生活状态里不停地左右徘徊。

　　张爱玲悲观苍凉的色调，深深地沉积在她的作品中，使其作品产生了巨大而独特的艺术魅力。但无论作家用怎样流利俊俏的文字，写出怎样可笑或传奇的故事，终不免露出悲音。那种渗透着个人身世之感的悲剧意识，使她能与时代生活中的悲剧氛围相通，从而在更广阔的历史背景上臻于深广。

　　张爱玲所拥有的深刻的悲剧意识，并没有把她引向西方现代派文学那种对人生彻底绝望的境界。

　　个人气质和文化底蕴最终决定了她只能回到传统文化的意境，且不免自伤自恋。因此在生活中，她时而在世俗的喧嚣中沉浸，时而又陷入极度的寂寞中，最后孤老死去。

### ☕ 心灵咖啡屋

现实生活中，不止文豪有这样的悲观情绪，平常的人也会经历这样的心情。我们不仅要知道在快乐的时候微笑，更要学会在面对困难的时候微笑，因为只有这样，你才能精神不倒；只有这样，你才能告别悲伤的凄凉，迎接生活的春日暖阳。

## "悲惨世界" 不悲惨

没有什么是一成不变的，如果你总活在别人给予的痛苦中，你便只能一直沉沦……

在雨果不朽的名著《悲惨世界》里，主人公冉·阿让本是一个勤劳、正直、善良的人，但他穷困潦倒，度日艰难。为了不让家人挨饿，迫于无奈，他偷了一个面包，被当场抓获，判定为"贼"，锒铛入狱。

出狱后，他到处找不到工作，饱受世俗的冷落与耻笑。从此他真的成了一个贼，顺手牵羊，偷鸡摸狗。警察一直都在追踪他，想方设法要拿到他犯罪的证据，以把他再次送进监狱，他却一次又一次逃脱了。

在一个风雪交加的夜晚，他饥寒交迫，昏倒在路上，被一个好心的神父救起。神父把他带回教堂，但他却在神父睡着后，把神父房间里的所有银器席卷一空。因为他已认定自己是坏人，就应干坏事。不料，在逃跑途中，他被警察逮个正着，这次可谓是人赃俱获。

当警察押着冉·阿让到教堂，让神父辨认失窃物品时，冉·阿让绝望地想："完了，这一辈子只能在监狱里度过了！"谁知神父却温和地对警察说："这些银器是我送给他的。他走得太急，还有一件更名贵的银烛台忘了拿，我这就去取来！"

冉·阿让的心灵受到了巨大的震撼。警察走后，神父对冉·阿让说："过去的就让它过去，重新开始吧！"

从此，冉·阿让洗心革面，重新做人。他搬到一个新地方，努力工作，积极上进。后来，他成功了，毕生都在救济穷人，做了大量对社会有益的事情。

### 心灵咖啡屋

面对过去的辉煌也好、失意也罢，太放在心上就会成为一种负担，容易让人形成一种思维定式，结果往往令曾经辉煌过的人不思进取，而那些曾经失败过的人依然沉沦、堕落。

# 被"遗言"改变的命运

*如果无法改变，就请变得坚强，因为总有一双眼睛在看着你……*

第二次世界大战期间，一位名叫伊丽莎白·康黎的女士在庆祝盟军在北非获胜的那一天收到了国际部的一份电报，她的侄儿——她最爱的一个人死在战场上了。她无法接受这个事实，她决定放弃工作，远离家乡，把自己永远藏在孤独和眼泪之中。

正当她清理东西，准备辞职的时候，忽然发现了一封早年的信，那是她侄儿在她母亲去世时写的。信上这样写道："我知道你会撑过去。我永远不会忘记你曾教导我的，不论在哪里，都要勇敢地面对生活。我永远记着你的微笑，像男子汉那样，能够承受一切的微笑。"她把这封信读了一遍又一遍，似乎他就在她身边，一双炽热的眼睛望着她："你为什么不照你教导我的去做？"

## 3. 烦恼是别人给予的耻辱、自己坚持的幻觉

康黎打消了辞职的念头，一再对自己说："我应该把悲痛藏在微笑下面，继续生活，因为事情已经是这样了，我没有能力改变它，但我有能力继续生活下去。"

### 心灵咖啡屋

陷在痛苦泥潭里不能自拔，只会与快乐无缘，告别痛苦的手得由你自己来挥动。享受今天盛开的玫瑰的捷径只有一条：坚决与过去分手。

# 一笑了之

倘若别人骗了你，那么没什么，若无法挽回，不如一笑了之。

阿根廷著名的高尔夫球手罗伯特·德·温森多有一次赢得一场锦标赛。领到支票后，他微笑着从记者的重围中出来，到停车场准备回俱乐部。这时候一个年轻的女子向他走来。她向温森多表示祝贺后又说她可怜的孩子病得很重，也许会死掉，而她却不知如何才能支付昂贵的医药费和住院费。

温森多被她的讲述深深打动了。他二话没说，掏出笔在刚赢得的支票上飞快地签了名，然后塞给那个女子。

"这是这次比赛的奖金。祝可怜的孩子好运。"他说道。

一个星期后，温森多正在一家俱乐部进午餐，一位职业高尔夫球联合会的官员走过来，问他一周前是不是遇到一位自称孩子病得很重的年轻女子。

"是停车场的孩子们告诉我的。"官员说。

温森多点了点头。

"哦，对你来说这是个坏消息，"官员说道，"那个女人是个骗子，她

根本就没有什么病得很重的孩子。她甚至还没有结婚哩！温森多，你让人给骗了！我的朋友。"

"你是说根本就没有一个小孩子病得快死了？"

"是这样的，根本就没有。"官员答道。

温森多长吁了一口气："太好了，这真是我一个星期来听到的最好的消息。"温森多说。

### 心灵咖啡屋

珍惜这世间的一切生命，不管它是谁的，就像珍惜自己生命中所有的一切。所有美好的、不如意的，不管是什么，都是生命的一部分，都是最好的消息。

## 所谓"咒语"

这个世界并不恐怖，恐怖的是你心里的那个芥蒂……

波波对自己在北京读大学时的一段经历耿耿于怀。

有一回波波在学校附近碰见一个大姐站在大树底下兜售布袋——一种长方形单面有图案的纯棉购物口袋，价钱相当便宜，只售一元。于是他一口气买了5个。

布袋拿回宿舍，同学都纷纷询问他在哪儿捡到的宝，都去买几个回来。不料一位细心的同学蓦然惊呼："怎么上面有个'死'字！"定睛一看，布袋的图案四周原来还环着一圈外文，几个较长的单词不认识，字典里也没有，中间一个"die"却赫然触目惊心！再细看图案本身，几个简单而形状怪异的色块拼凑在一起，谁也辨不出那究竟是什么。

"我说这么便宜！""准是邪教的图腾！""巫婆！""咒语！"同学们大

### 3. 烦恼是别人给予的耻辱、自己坚持的幻觉

呼小叫。

虽说波波向来不信邪，照用不误，但挎着口袋上街时还是小心地把有图案的一面向里，以免引来旁人注目。有次他要寄衣物回家，那些口袋是再好不过的包裹，但瞅着那个碍眼的"die"，心里仍有些别扭，总不能往家里寄去一份不祥吧？后来他想出个好主意，用同色的彩笔在"die"后面加上"t"，成"饮食、节食"之意。他自忖破去一劫，顿时心安理得。

直至一年后，他结识了一个外语学院的朋友，"咒语"之谜方水落石出：那句奇怪的外文其实是德语。"die"是德语中一个再普通不过的冠词，发音为"地"，用法相当于英语中的"the"，专用以修饰阴性名词。"咒语"全句的意思是"保护世界环境"。

恍然大悟之后回头再看那神秘的图案，原来竟是世界七大洲的板块图！为了这个自寻烦恼几月，真让人哭笑不得！

**心灵咖啡屋**

我们之所以烦恼多多，常是因为自己吓自己，是我们将自己圈禁在了幻想之中，于是随之痛苦，随之恐惧，随之癫狂……其实，这世界上本就没有那么多烦恼存在，只是我们硬将它扯了出来。

## 怨怒循环

怨怒是一种疾病，在人的心里制造痛苦，并通过痛苦的心传播蔓延。问题是，你愿不愿接受它的传染，愿不愿它给你带来痛苦，愿不愿再把痛苦送给更多的人？

一家公司的老板正在气头上，他对公司经理大声斥责。

经理回到家对妻子大声斥责，说她太浪费了，因为他看到餐桌上的饭

菜太丰盛了。

妻子对儿子大声斥责，因为他干什么都慢悠悠的。儿子对保姆大声呵斥，因为保姆打碎了一个碟子。

保姆没好气地去扔碎碟子，伤着了一位行人。

行人是一位妇人，她哭闹一番后赶紧去医院治伤。她对护士大声呵斥，因为护士上药时弄疼了她。

护士回到家里对母亲大声斥责，因为母亲做的饭菜不合她的口味。

母亲并不生气，温和地对她说："好孩子，明天我一定做你合口的。你忙了一天一定很累，吃了饭就休息吧，我给你换了一床新被子……"

"怨怒循环"终于在善良的母亲这里融化了。

### 心灵咖啡屋

纵是圣贤，也免不了心生怨气。怨怒极易传染和循环。当你遇到"怨怒循环"时，你是继续传递它，还是用宽容和爱心去终结它？也许你忍下了一时之气，那么你就是"怨怒循环"的终结者。

## 自取烦恼

别人说你不好，未必你就不好，何必自找烦恼？不如笑骂由他。

薇薇是名牌大学毕业的，人很文静。她在一家事业单位工作，单位里要写很多材料。她毕竟刚来，公文写作还不熟，于是每次写好后，她都要给同事老王看，待老王修改完，她再拿去请科长审阅。

很快，薇薇的材料越写越好，老王已经没有什么可以修改的了，可科长仍旧东涂西抹，不留情面。薇薇虽有些不悦，但没说什么，依然是很谦和地请科长批改。老王愤愤不平，他认为科长的水平修改不了薇薇的文章

### 3. 烦恼是别人给予的耻辱、自己坚持的幻觉

了。薇薇只是笑,显得不介意。有时被老王逼紧了,她也只是说,不就是改个材料吗,又不是修改你的人生。

由于薇薇的谦虚勤奋还有才能,科长把薇薇推荐给了上级宣传部门,薇薇上调了。有一次,上级要求科里写一份材料,材料组织好后,科长让人先送到宣传部门说是请上级把关。两天后,薇薇把材料修改好了,这个材料得到了上级的好评。科长很满意,老王也佩服薇薇。薇薇拿出钱来请大家吃饭,老王私下里对薇薇说:"你应该让科长请你吃饭才对,那文章是你写得好。"薇薇说:"那怎么行,我会写材料是你们教的,我得感谢你们才对。"老王又说:"这回科长再也不敢改你的文章了吧。"薇薇说:"知道我老爸在我参加工作时,送我四个什么字吗?第一'感恩',第二'宽容'。"老王当时没有细想,回家后,对照那四个字,渐渐感到惭愧。

#### 心灵咖啡屋

我们之所以总是被烦恼包围,总是充满痛苦,总是怨天尤人,总是有那么多的不满和不如意,是不是因为我们缺少这种宽容和感恩呢?

## 幸福的习惯

当我们心生埋怨时,想想这是不是在亵渎幸福。若能把幸福当作习惯,对于痛苦不那么去在乎,那么,我们是不是很幸福?

某日清晨,在一列老式火车的卧铺车厢中,有5位男士正挤在洗手间里刮胡子。经过了一夜的折腾,隔日清晨通常会有不少人在这个狭窄的地方做一番洗漱。此时的人们多半神情漠然,彼此间也不会交谈。

就在此时,突然有一个面带微笑的男人走了进来,他愉快地向大家道早安,但是却没有人理会他。之后,当他准备开始刮胡子时,竟然自顾自

地哼起歌来，神情显得十分愉快。他的这番举止令人们感到极为不悦。于是有人冷冷地、带着讽刺的口吻对这个男人说道："喂！你好像很得意的样子，怎么回事呢？"

"是的，你说得没错。"男人如此回答着，"正如你所说的那样，我是很得意，我真的觉得很愉快。"然后，他又说道，"我是把使自己觉得幸福这件事当成一种习惯罢了。"

后来，在洗手间内所有的人都已经把"我是把使自己觉得幸福这件事当成一种习惯罢了"这句极富意义的话牢牢地记在了心中……

### 心灵咖啡屋

无论是幸运抑或是不幸，人们心中习惯性的想法往往占有决定性的影响地位。将幸福当成一种习惯，这样"糊糊涂涂"地过日子，生活才能呈现一连串的欢宴。

# 4. 生活在谷底，依然有仰望星空的权利

我们的生活无法预测，有时困难重重，有时失败连连，有时甚至直接跌落谷底，但这并不妨碍我们抬着头仰望星空。无论什么时候，我们都应该保持淡定，都不能放弃努力；无论什么时候，我们都应该为自己播下希望的种子。

## 挑战毁灭

当不幸已成事实，你是否还能够露出笑颜，是否还可以继续期待着明天？

发生了什么事？

勒布朗完全困惑了。刚进入罗格斯大学没几天，他坐在社会学教室里，听其他同学讨论问题，他不知道他们在说什么。他要完成作业，把注意力放到讲座和做笔记上，可周围的一切如此陌生。他心想："每个人都比我聪明。"这是一种从未有过的感觉，因为他一直以来都是个好学生，并且以3.9分的平均分从高中毕业。

勒布朗的父母认为他得了焦虑症，就带他去看了精神科医生。医生不能准确地找到问题所在，便把问题归咎于压力过大。但此后勒布朗的行为依然古怪，勒布朗的妈妈对他的怪异行为感到越来越不安。当他开始出现生理症状，包括无时无刻地口渴和尿频，她才赶忙带他去看了医生。脑部扫描得出了原因：勒布朗得了恶性脑肿瘤，这个肿瘤像桃核一般大小，它压迫了大脑中制造新记忆的部分，如果不及时治疗，后果不堪设想。勒布朗被吓到了，但他也松了一口气，因为他的怪异行为终究是事出有因。

"他主要是得了健忘症，随着人们的年龄增大，记忆会逐渐消失，特别是患有老年痴呆的人。"勒布朗的神经心理医生，巴尔的摩约翰霍普金斯医院的杰克博士如是说。

这是个毁灭性的诊断！

医生取出肿瘤的一部分，用放射治疗把剩下的部分消除。勒布朗的身体吃不消，体重狂减30磅。癌症消除了，但喜悦如此短暂，勒布朗被告知

## 4．生活在谷底，依然有仰望星空的权利

他再也不能回到学校学习了。他的语言智商高达 120，他的记忆输出只有 68，和一个发育不健全的人相当。他唯一的职业选择就是在高度监督下的手工体力活。

勒布朗说："即使他们这样告诉我，我知道我还想要试着重返校园，我不知道我能否做到，但我的确有这种强烈的愿望。我会尽我所能来寻回我的记忆。"

勒布朗开始先在附近的霍华德社区学院听英语课。最后他发现，阅读至少五遍以上能增强他记住的概率。在学校，他作详尽的笔记，另外还有一个记录器来补充他所遗漏的内容。他每天都要把他的笔记读上好几遍，然后重新打出笔记和教材内容。他每天忙碌 12 小时，一周 7 天，只有在吃饭和健身的时候才有片刻休息。为了记住列表和数据，他用了缩写字和助记术的方法。

他为了下半个学期的学分上课，并且得了 A。他说："我太高兴了，但不知道在其他课程上我的表现如何。"他进了巴尔的摩的马里兰大学，专修卫生政策和管理科学学士学位，每个学期修一门或两门课。

勒布朗坚持着他的计划，在 2007 年 5 月，他 29 岁时，竟以 4.0 的学分成绩毕业，获得了巨大的成功，这距离他开展计划已经超过 10 年了。

### ☕ 心灵咖啡屋

如果人生没有磨难，其本身就是一种灾害。我们长期处于无忧无虑的环境中，优不能胜，劣不能汰，社会就不会进步。而我们每每认真审阅自己，总会欣然发现，点燃自己灵魂之光的，往往正是一些当时被看作磨难和困苦的境遇或事件。

## "我很重要"

*每个人都很重要，只要你敢说出——"我很重要"。*

第二次世界大战后，受经济危机的影响，日本失业人数陡增，工厂效益也很不景气。一家濒临倒闭的食品公司为了起死回生，决定裁员，有三种人名列其中：一种是清洁工，一种是司机，一种是无任何技术的仓管人员。经理找他们谈话，说明了裁员意图。清洁工说："我们很重要，如果没有我们打扫卫生，没有清洁优美、健康有序的工作环境，你们怎么能全身心投入工作？"司机说："我们很重要，这么多产品，没有司机怎么能迅速销往市场？"仓管人员说："我们很重要，战争刚刚过去，许多人挣扎在饥饿线上，如果没有我们，这些食品岂不要被流浪街头的乞丐偷光！"经理觉得他们说的话都很有道理，权衡再三决定不裁员，并重新制定了管理策略。最后经理在厂门口悬挂了一块大匾，上面写着："我很重要。"

从此，每天职工们来上班，第一眼看到的便是"我很重要"这四个字。每个职工看到这四个字都认为领导很重视他们，因此工作很卖命，这句话调动了全体职工的积极性。几年后这家公司迅速崛起，成为日本有名的公司之一。

### 心灵咖啡屋

无论何时何地，都不要轻贱了自己。在人生的关键时刻，你要敢说"我很重要"。别怕，试着说出来，你的人生也许从此就会大不一样。

## 4. 生活在谷底，依然有仰望星空的权利

# 多事之秋

最终衡量一个人是否成功，不是看他一帆风顺的时候做什么，而是看他在艰苦和困难的时刻，是否懂得用坦然的辽阔心胸去面对。

那是个真正的多事之秋。而在黑暗的岁月中，人们仅剩的光线，其实只有一道，那就是信念。1940年5月10日，英王授权海军大臣丘吉尔组织新内阁。丘吉尔发表著名的就职演说，他说："我没有别的，只有热血、辛劳、眼泪和汗水贡献给大家。"他又补充说，"你们问，我们的政策是什么？我说，我们的政策就是用上帝给予我们的全部能力和全部力量在海上、陆地上和空中进行战争，同一个邪恶悲惨的、人类罪恶史上从未见过的穷凶极恶的暴政进行战争。这就是我们的政策。你们问，我们的目的是什么？我可以用一个词来答复，胜利——不惜一切代价去争取胜利，无论多么恐怖也要去争取胜利；无论道路多么遥远和艰难，也要去争取胜利；因为没有胜利，我们就不能生存。"

牛津的教育在丘吉尔身上熠熠发光，正义终将战胜邪恶，这是丘吉尔信念的源泉。而信念是攻无不克的法宝。

丘吉尔的演讲向德国法西斯分了坚定地表明了与之斗争到底的决心和态度。这样，英国成为第二次世界大战中同盟军中的中坚分子。丘吉尔作为在英国政治舞台上卓有领导才能的首相之一深受人民的尊崇。当时著名的英国社会活动家詹宁斯·普里特指出："丘吉尔无论遭到何种挫折与失败，始终是一个强者，他善于鼓舞民众并且毫不妥协地敌视德国人。"

然而，就在丘吉尔指挥若定，避免英伦三岛沦亡的成功永垂青史的时候，在战后的首次大选中，丘吉尔却被选民赶下了台。

此后，丘吉尔既没有怨天尤人，也没有躺在过去的功劳簿上自我陶醉，或是干脆自成一党用来夺回失去的权力，而是厉兵秣马，摩拳擦掌，徐图再战。

有一回他应邀在剑桥大学毕业典礼上致辞。那天他坐在首席上，打扮一如平常，头戴一顶高帽，手持雪茄，一副怡然自得的样子。

经过隆重但稍显冗长的介绍词之后，丘吉尔走上讲台，两手抓住讲台，注视观众大约沉默了两分钟，然后他就用那种他独特的风范开口说："永远，永远，永远不要放弃！"接着又是长长的沉默，然后他又一次强调，"永远，永远，永远不要放弃！"最后他再度注视观众片刻后蓦然回座。

无疑地，这是历史上最短的一次演讲，也是丘吉尔最脍炙人口的一次演讲。这句话中代表了什么，时至今日，仍是仁者见仁，智者见智，令人回味无穷。

结果，丘吉尔在后来的竞选中又夺回了首相宝座，并成为英国一代贤相。丘吉尔再一次靠信念和勇气取得了胜利。

### 心灵咖啡屋

命运一直掌握在个人手中，唯一能逼你放弃的人，只有你自己，只要你紧握在手、坚持到底，扼住命运的咽喉，一切不幸都会畏惧你、逃离你。可是，如果你都对自己失去信心，那么谁还敢相信你呢？太阳每天都会下山是个真理，但是你记得哪天它忘了出来吗？

4. 生活在谷底，依然有仰望星空的权利

## 最后一片叶子

*只要心存希望，总有奇迹发生，希望虽然渺茫，但它永存世上。*

美国作家欧·亨利在他的小说《最后一片叶子》里讲了个故事：病房里，一个生命垂危的病人从房间里看见窗外的一棵树，树叶在秋风中一片片地掉落下来。病人望着眼前的萧萧落叶，身体也随之每况愈下，一天不如一天。她说："当树叶全部掉光时，我也就要死了。"一位老画家得知后，用彩笔画了一片叶色青翠的树叶挂在树枝上。最后一片叶子始终没掉下来。只因为生命中的这片绿，病人竟奇迹般地活了下来。

### ☕ 心灵咖啡屋

人这一生可以没有很多东西，却唯独不能没有希望。有了希望，我们才知道自己为什么而活，有希望的地方，生命就会生生不息！

## 未来的州长

*有时混乱是因为你没有目标，一旦你把这个东西树立起来，你的心也便不再浮躁……*

罗杰·罗尔斯是美国纽约州历史上第一位黑人州长，他出生在纽约声名狼藉的大沙头贫民窟。这里环境肮脏，充满暴力，是偷渡者和流浪汉的聚集地。在这儿出生的孩子，耳濡目染，他们之中很多人从小就逃学、打架、偷窃，甚至吸毒，长大后很少有人从事体面的职业。然而，罗杰·罗尔斯是个例外，他不仅考入了大学，而且成了州长。在就职记者招待会上，一位记者对他提问："是什么把你推向州长宝座的？"面对300多名记者。罗尔斯对自己的奋斗史只字未提，只谈到了他上小学时的校长——皮尔·保罗。

1961年，皮尔·保罗被聘为诺必塔小学的董事兼校长。当时正值美国嬉皮士流行的时代，他走进大沙头诺必塔小学的时候，发现这儿的穷孩子比"迷惘的一代"还要无所事事。他们不与老师合作，旷课、斗殴，甚至砸烂教室的黑板。皮尔·保罗想了很多办法来引导他们，可是没有一个是有效的。后来他发现这些孩子都很迷信，于是在他上课的时候就多了一项内容——给学生看手相。他用这个办法来鼓励学生。

当罗尔斯从窗台上跳下，伸着小手走向讲台时，皮尔·保罗说："我一看你修长的小拇指就知道，将来你是纽约州的州长。"当时，罗尔斯大吃一惊，因为长这么大，只有他奶奶让他振奋过一次，说他可以成为5吨重的小船的船长。这一次，皮尔·保罗先生竟说他可以成为纽约州的州长，着实出乎他的预料。他记下了这句话，并且相信了它。

从那天起，"纽约州州长"就像一面旗帜。罗尔斯的衣服不再沾满泥土，说话时也不再夹杂污言秽语。他开始挺直腰杆走路，在以后的40多年间，他没有一天不按州长的身份要求自己。51岁那年，他终于成了州长。

### 心灵咖啡屋

或许你身处的环境并不好，这你改变不了，你唯一能做的便是尽量消除环境对你的负面影响。要知道，即便生活在阴沟里，我们也有仰望星空的权利。

## 5.
## 既然太阳上也有黑点，人世间就更不可能没有缺陷

凡事都是一分为二，一半一半。男人一半，女人一半；白天一半，夜晚一半。在这个"一半一半"的世界里，想要求得百分之百的圆满，几乎是不可能的，也不容易。

## 贱卖的玛瑙

　　凡是可以坦然相见的缺点，都不该算缺点……

　　陈慕白一向不喜欢宝石，直到有一天他给女友买了一串有瑕疵的项链。

　　一天，他去首饰店，看中了一条项链。付钱的时候，小贩又重复了一次：

　　"我卖你这项链，再便宜不过了。"

　　陈慕白笑笑，没说话，小贩以为他不信，又加上一句：

　　"真的，不过这么便宜也有个缘故，你猜为什么？"

　　"我知道，它有斑点。"陈慕白本来不想提的，被他一逼，只好说了，免得他一直啰唆。

　　"哎呀，原来你看出来了，这串项链如果没有瑕疵，哇，那价钱就不得了啦！"

　　陈慕白买了项链，默默地走开了。

　　回到家里，他对爸爸讲了事情的经过。

　　听了他的介绍，看着他买的项链，陈慕白说："对于这串有斑点的项链，我怎么可能看不出来呢？它的斑痕如此清清楚楚。然而，凭什么要说有斑点的东西不好？水晶里不是有一种叫'发晶'的种类吗？虎有纹、豹有斑，有谁嫌弃过它的皮毛不够纯？

　　"就算退一步说，把这斑纹算瑕疵，世间能把瑕疵如此坦然相呈的人也不多吧？凡是可以坦然相见的缺点都不该算缺点的。

　　"所有的无瑕是一样的，因为全是百分之百的纯洁透明，但瑕疵斑点却面目各自不同，有的斑痕是藓苔数点，有的是沙岸逶迤，有的是孤云独去，更有的是铁索横江，玩味起来，反而令人怡然欣喜。"

### ☕ 心灵咖啡屋

生活中无完美，也不需要完美。我们只有在鲜花凋零的缺憾里，才会更加珍视花朵盛开时的温馨美丽；只有在人生苦短的愁绪里，才会更加热爱生命、拥抱真情；也只有在泥泞的人生道路上，才能留下我们生命坎坷的足印。

## 最完美的树叶

*一心只想尽善尽美，最终只会是两手空空。*

一位老和尚想从两个徒弟中选一个做衣钵传人。一天，老和尚对徒弟说："你们出去拣一片最完美的树叶。"两个徒弟遵命而去。时间不久，大徒弟回来了，递给师父一片并不漂亮的树叶，对师父说："这片树叶虽然并不完美，但它是我看到的最完整的树叶。"

二徒弟在外面转了半天，最终空手而归，他对师父说："我见到了很多很多的树叶，但怎么也挑不出一片最完美的……"最后，老和尚把衣钵传给了大徒弟。

### ☕ 心灵咖啡屋

"拣一片最完美的树叶"——当然我们的初衷总是美好的，然而若不切实际一味地寻找，往往只会吃尽苦头，或许直到白发苍苍才会明白：为了寻找一片"最完美的树叶"而失去了很多很多……

## 水至清则无鱼

**人们总会注意那小小的疵缺，而忽略大体的美好……**

某日，一位古董商到我家里做客，我便尽出所藏，请他鉴赏评价。

我拿出的第一件东西是块田黄印石，长约四寸。

"这值不了什么钱！"古董商说，"因为上一段有裂纹，下半截有杂质，只有中间一小块完美。"

"我当年是以高价买的！"我大吃一惊。

"你听我说完哪！"古董商笑着说，"你如果把上下两截锯掉，只留中段，价钱就几倍于此了。"

接着他展开我收藏的一幅古画："是名家手笔，可惜右边破损了一块，修补之后总是看得出来，倒不如将右侧整个切除，价钱要比补了之后还高得多。"

最后，我取出了传家之宝的黄瓷盖碗。

"这个盖子早该扔了。"古董商一见便说，"不连盖子，要比连盖子容易卖，价钱也好。"

"怎么会有这种道理呢？"我很不服气，"有盖反比无盖来得便宜？"

"当然！因为盖子有缺损，你想想看，当买主看到这件东西，发现盖子已破，还会买吗？"他把盖子放在案上，并将碗捧到我的面前，"可是这样子，几人知道还有个盖子呢？于是买主只当那是只完美无缺的碗，而会爱不忍释了！"

"同样的道理！"他又指着印石和画说，"你切去杂质之后，大家只见那是块难得温润美好的田黄，有谁知道原来要大得多；而那画没几人看过，切了边仍是不错的构图，谁会想到已比原作少了半截？"

### 心灵咖啡屋

因为一点点瑕疵,而放弃了本来很有价值的古董,这样的行为不是很愚蠢吗?其实,何必要紧紧盯着那些细小的瑕疵不放呢?你能欣赏到古董的美好就可以了。有时候做事糊涂一点,你才能收获生命当中的"至宝"。

## 谁会心满意足

绝对的完美主义者,他的内心不可能平和,他的生活中也不会遇到真正的幸福,而且,今后可能也不会遇上。

有一个人对自己坎坷的命运实在不堪重负,于是祈求上帝改变自己的命运。上帝对他承诺:"如果你在世间找到一位对自己命运心满意足的人,你的厄运即可结束。"于是此人开始了寻找的历程。一天,他来到皇宫,询问高贵的天子是否对自己的命运满意,天子叹息道:"我虽贵为国君,却日日寝食不安,时刻担心自己的王位能否长久,忧虑国家能否长治久安,还不如一个快活的流浪汉!"这人又去询问在阳光下晒着太阳的流浪汉是否对自己的命运满意。流浪汉哈哈大笑:"你在开玩笑吧?我一天到晚食不果腹,怎么可能对自己的命运满意呢?"就这样,他走遍了世界的每个地方,被访问之人说到自己的命运竟无一不摇头叹息,口出怨言。这人终有所悟,不再抱怨生活。说也奇怪,从此他的命运竟一帆风顺起来。

### 心灵咖啡屋

这世界上的每一个人都在潜意识中竭力追求着完美,但遗憾的是,我们迎来的却是一个又一个的不完美。将完美当作理想的寄托点,本无可非议,但若过分执着于完美,就一定会让自己彻底迷失,因为理想中的完美绝对是虚无缥缈的，任何一种真实的事物都有它不可避免的缺陷。

## 为妻换鼻

一个人若是过分重视缺陷，遗憾的情绪便会塞满他的大脑。此时，再多的幸福，他也无法感知。

在很久以前，有一位商人娶了一个如花似玉、温柔贤淑的太太。二人恩恩爱爱，情比金坚，是人人称道的神仙美眷。这位太太各方面都不错，唯一美中不足的是长了个酒糟鼻子。就像是上帝这位艺术家睡着了，对一件原本可以惊艳世间的艺术精品，忘记几刀精美的修饰，因而显得有些突兀。

商人本该为现有的幸福而满足，但他却偏偏对太太的鼻子耿耿于怀，一直觉得这是种遗憾，一心想要弥补这个缺失。他经常在外奔波，这一日来到集市上，只听叫卖声此起彼伏，人们摩肩接踵。他们竞相吆喝出价，抢购努力。这位商人走到市场的一侧，发现了一个身材瘦小、面容清秀的女子，此时，她正用那双水汪汪的大眼睛，怯生生地环顾着这群如狼似虎、决定她一生命运的大男人。商人细端详瘦小女子的容貌，突然间，他双眼一亮、灵光一闪——简直是太好了！这女孩子不正有一个端端正正的鼻子吗？不惜一切代价也要买下她！

商人以令人惊异的高价买下了这个长着端正鼻子的女孩，随即兴奋地带着女孩子日夜兼程向家中赶去，他决定要给心爱的妻子一个天大的惊喜。回到家中以后，他先是将女孩子安顿好，然后用刀子割下了女孩漂亮的鼻子，便急匆匆地、拿着血淋淋而温热的鼻子，高喊着：

"亲爱的！亲爱的！你快出来哟！看看我今天给你买回了什么礼物？它可是非常宝贵的哟！"

## 5. 既然太阳上也有黑点，人世间就更不可能没有缺陷

"究竟是什么贵重的礼物，竟值得让你如此大呼小叫的？"太太满怀诧异地从内屋走了出来。

"喏！你看！我给你买了个端正漂亮的新鼻子，你快戴上让我看看。"

正说话间，商人从怀中抽出锋利的匕首，只"噌"地一下，便将妻子的酒糟鼻砍了下来。一霎时，鲜血染红了这位女士的脸庞，那个有缺陷的酒糟鼻子掉落在地，商人连忙用双手将端正的鼻子嵌贴在伤口处，但是无论他如何努力，那个漂亮的鼻子始终无法粘贴上妻子的鼻梁。

### 心灵咖啡屋

这世界上，有些事我们通过努力确实可以改变，有些事，却不在你我的能力范围之内。是的，缺憾注定是人生的一部分，为了一点点缺憾而否定生活，又怎么能够好好地享受生活？

# 所谓完美爱情

*如果有谁认为有十全十美的爱情，他不是诗人，就是白痴。*

一位秀外慧中的女孩大学毕业后，拒绝了很多优秀男孩的追求，最后却选择了一个毫不起眼且个子矮小的同事。周围的许多人都觉得不可思议，就连她的闺中女友也表示不理解。而她自己却很坦然，在众人疑惑的目光中，她披上婚纱与先生走进了"围城"。多年以后，当她的同学们都疲倦于营造自己的一隅、失望于当初幻想的破灭之时，众人在同学聚会上发现：这位女孩并没有如他们原先所想的那样，被困在一个庸碌无为的圈子里，憔悴不堪，而是依然光彩照人，甚至比以前还多了一份成熟的雍容和深沉。这位女士告诉大家，她的男人不是最优秀的，有着许多的缺点，但这些在她还没有接受他的时候就已知道，但她愿意今生今世将自己的感

情托付给这个在她遇到挫折的时候默默地帮助她、在她失意的时候热情地鼓励她,并且从不索取任何回报的男人。

### 心灵咖啡屋

如果有这样一个人,他在你的心目中是绝对完美的,没有一丝缺陷,你敬畏他却又渴望亲近他,那么,这种感觉不可以称为"爱情",而是"崇拜"。爱情是真真切切地能够用手触摸、用心体会的。爱情是你明知他穿得十分"土气",却甘愿带他出入于大庭广众;是你鄙视杀猪匠,却偏偏做了杀猪匠的妻子;是你素有洁癖,却十分勤快地为他洗着油腻腻的饭盒、脏兮兮的球鞋……

# 未完成的心愿

别想什么都要,如果想把一切抓在手中,那可能什么也得不到。

那时他还年轻,凡事都有可能,世界就在他的面前。

一个清晨,上帝来到他的身边:"你有什么心愿吗?说出来,我都可以为你实现,你是我的宠儿。但要记住,你只能说一个。"

"可是,"他不甘心,"我有许多心愿啊。"

上帝摇头:"世间美好的东西实在太多,但生命有限,没有人可以得到全部,有选择就要有放弃。来吧,慎重地选择,永不后悔。"

他惊讶:"我会后悔吗?"

上帝说:"这没人知道。选择爱情就要忍受情感的煎熬;选择智慧就意味着痛苦和寂寞;选择财富就有钱财带来的麻烦……这世上有太多的人在选择一条路以后,懊悔自己没有走另一条路。仔细想想,你这一生真正想要的到底是什么?"

5．既然太阳上也有黑点，人世间就更不可能没有缺陷

他想了又想，所有的渴望都纷沓而至，在他的周围飞舞，哪一件是不能舍弃的呢？最后，他对上帝说："让我想想，让我再想想。"

上帝应允："但是要快一点啊，我的孩子。"

此后，他一直在不断地比较和权衡，他用生命中一半的时间来列表，用另一半的时间来撕毁这张表，因为他总发现自己有所遗漏。

一天又一天，一年又一年，他不再年轻，他老了、更老了。上帝又来到他的面前："我的孩子，你还没有决定心愿吗？可你的生命只剩下5分钟了。"

"什么？"他惊叫道，"这么多年，我没有享受过爱情的快乐，没有积累过财富，没有得到过智慧，我想要的一切都没有得到。上帝啊，你怎么能在这个时候带走我的生命呢？"

5分钟后，无论他怎么痛哭求情，上帝还是满脸无奈地带走了他。

### 心灵咖啡屋

在世上有很多人，他们的一生都是在思索、选择中度过，而不是确切地去执行某一个选择。人生无处不是在选择，既然无法拥有一切，那就会有取有舍；若要贪全，恐怕最后只能是一无所得。

# 残缺也是一种美

"残缺"未尝不是一件好事。倘若一味苛求"完整"，不懂舍弃，人生是不是就少了很多靓丽的风景呢？

有个圆被人切去一块三角，进而变得残缺不全。它很苦恼，它想恢复自己的完整，于是便日复一日地寻找自己遗失的碎片。因为残缺，圆无法像以前一样快速滚动，但如此一来，它却在沿途欣赏了很多风景——小花

是那样烂漫，流水是那样晶莹……

圆一路找到很多碎片，但都不是自己的，装在身上显然不合适，所以它只能继续寻找。终于有一天，圆找到了属于自己的碎片，它很兴奋，因为自己又可以像以前一样飞速滚动了。然而滚着滚着，圆发现，路途中似乎缺少了什么。于是圆停下来努力回忆，终于，它恍然大悟——由于自己的完整、自己的高速，已然无暇再欣赏路边的风景了。思索片刻，圆毅然将好不容易找到的碎片丢在路旁，继续慢慢地向前滚动……

### 心灵咖啡屋

昙花纵然美丽，但也只能刹那绽放；牡丹虽然雍容华贵，但未免有几分华而不实；维纳斯之美令世人赞叹，但却少了一双臂膀。这尘世之物，完美与缺陷一直同生共存，相互衬托。世界正是因缺陷而分外美丽！盘古未生之时，天地间混沌一片，看似浑然一体，实则毫无生趣。正是盘古那开天辟地的一斧，辟出了缺陷，辟出了世人赖以生存的大千，谁又能说这一斧劈得不好呢？

# 做什么没有风险

做什么没有风险？如果你总想着规避风险、圆圆满满，那未免胆小如鼠了吧！

一个魂灵对老天爷说："您派给我一个最好的形象，我将永远崇拜您。"
老天爷仁慈地回答："好，你准备做人吧，这是世界上最好的形象。"
魂灵问："做人有风险吗？"
"有，夭折、瘟疫……"
"另换一个吧？"

"那就做马吧!"

"做马有风险吗?"

"有,受鞭笞、被宰杀……"

"唉,请再换一个吧。"

"老虎?"

"老虎!"魂灵乐了,"老虎是兽中王,它一定没风险。"

"不,老虎也有风险,有时被人猎杀,有一种小兽是它的克星……"

"啊,老天爷,我不想当动物了,植物总可以吧。"

"植物也有风险,树要遭砍伐,有毒的草被制成药物,无毒的草人兽食之……"

"啊……恕我斗胆,看来只有您老天爷没风险了,让我留在你身边吧……"

老天爷哼了一声:"我也有风险,人世间难免有冤情,我也难免被人责问,时时不安……"说着,老天爷顺手扯过一张鼠皮,包裹了这个魂灵,推下界来:

"去吧,你做它正合适。"

### 心灵咖啡屋

生活中有着太多的不如意,如果事事苛求完美,生命也就毫无快乐可言。当我们面对不幸与挫折的时候,不妨静下心来想一想,如果你已经尽了自己最大的努力,又有什么值得遗憾的呢?生活中如果尽善尽美,那我们的人生又有什么意义呢?

## 苦难是块垫脚石

苦难是人生的一块垫脚石,对于强者是笔财富,对于弱者却是万丈深渊。

中国台湾作家林清玄写过一个故事,有一年上帝看见农民种的麦子硕果累累,觉得很开心。农夫见到上帝却说:"五十年来我没有一天结束祈祷,祈祷年年不要有风雨、冰雹,不要有干旱、虫灾。可无论我怎样祈祷总不能如愿。"这时,农夫忽然吻着上帝的脚说,"我全能的主呀!您可不可以明年承诺我的恳求,只要一年的时光,不要大风雨、不要烈日干旱、不要有虫灾?"

上帝说:"好吧,明年必定如你所愿。"

第二年,由于没有狂风暴雨、烈日与虫灾,农民的田里果然结出很多麦穗,比往年的多了一倍,农民高兴不已。可等到秋天的时候,农夫发现所有的麦穗竟全是瘪瘪的,没有什么好籽粒。农夫含泪问上帝,说:"这是怎么回事?"

上帝告诉他:"由于你的麦穗避开了所有的考验,才变成这样。"

一粒麦子,尚且离不开风雨、干旱、烈日、虫灾等挫折的考验,对于一个人,更是如此。

### 心灵咖啡屋

有人说过,人的脸形就是一个"苦"字,天生就该受尽各种苦难。我认为此言不谬。想人的一生,在自己的哭声中临世,在亲人的哭声中辞世,中间百十年的生活,无时无刻不在与艰巨、困苦、疾病、灾害打交道。只有经受了苦难的考验,才能拥抱幸福。

# 6. 成熟的稻穗垂首而立

人,切莫自以为是,地球离开了谁都会转,古往今来,才子佳人大有人在,但恃才傲物者多没有好下场。所以,即便再能干,也一定要保持谦虚谨慎,做好自己的事情。

## 懂得谦让，才能存身

一心只想向上爬，结果却落得被人唾弃的命运。人在适当的时候懂得隐忍，懂得谦让，才能存活得长久。

春雨过后，农夫播种的黄豆扛着斧头般的豆瓣破土而出。

离黄豆地不远有一块玉米地，地里长着一棵黄豆苗，那是农夫播种时不小心遗落的。

玉米地里的黄豆环顾了一下四周，看了看离它不远的同伴，自豪地说："如果你们是鱼眼睛的话，我肯定就是那颗最耀眼的明珠了，要不，主人为何把我和尊贵的玉米种一块儿呢？"它的同伴不说一句话，努力地吸收着阳光，汲取着雨露。

"哈哈，如果你们是一群鸡，我理所当然就是那只最美丽的鹤了！"过了一段时间，它见自己比同伴高半个头，旁若无物地说。旁边的同伴似乎什么也没听到，扎扎实实地把根往深处延伸。

"我要赶超那片棉花苗！"玉米地里的那棵黄豆越长越高，它已经不屑和同伴比了。于是，它缠在一棵玉米身上不断往上攀爬，过了几天就真的比棉花还高了。此时，它的同伴已经开出白色的小花，结出毛茸茸的小豆荚了。

"你是黄豆，该开花的时候开花，该结果的时候结果，你爬在我身上比同伴高、比棉花高，那也不代表你的价值就比它们大！"那棵被缠绕的玉米不堪重负，告诫它说。

"不要胡说，小麻雀怎么知道雄鹰的志向，等我和路边那棵杨树一样高了，我就开花结果！"它带着鄙夷的口气反驳道。

又过了一段时间，它的同伴已经密密麻麻结满了鼓鼓的豆荚，太阳一晒，黄色的叶子纷纷脱落，露出金黄的豆壳。

一天，农夫拿着镰刀来到了地里，看见了玉米地里的黄豆，说："黄豆就是黄豆，光有细细的身高不开花不结果，长得跟野藤一个样，浪费种子吸收土地的养分不说，更可恶的是几乎祸害了一棵好好的玉米！"说完，弯腰把它连根拔起，丢在路旁任由路人踩踏。

### 心灵咖啡屋

我们应该清楚自己的位置，应该知道什么样的时间该做什么，别总那么不切实际，别觉得自己多么的与众不同，那多半不会有好结果的。

# 原来这么浅

无意中，一个得意忘形的姿态，便会让所有旁观者看清你的底细：哦，原来那么浅！是你自己揭露了自己的底牌。

一匹屈膝小斑马浸泡在水中，它看到自己水中的倒影，觉得自己是这世界上最美丽的动物。它不禁志得意满起来，于是站起身，想要炫耀一下自己的美丽。但它不知道，此时此刻，危机正潜伏在自己身旁。

岸边不远处，一头体积大它数倍的母狮正在窥伺。母狮没有贸然采取行动，因为它不知道水的深浅，不敢唐突下水，所以静待时机，等有了把握再去捕杀猎物。

是的，小斑马犯下了致命的错误，它的炫耀让岸边的敌人知道：哦！原来水只有那么浅，只不过没过你的膝盖。母狮飞身跃起，迅速出击，一击即中，啮咬着小斑马的咽喉，啃食着它的血肉……

母狮进餐的地方，是水中凸起的一个小浮岛。岸上来了好多闻到血腥味的狮子，它们同样不敢贸然向前，同样是因为不知道水的深浅。显然，这只母狮并没有与同伴分享的意向，它死守着猎物，大快朵颐，得意之情溢于言表，由于动作过大，一不小心将马尸甩入河中。它马上跳入河中叼起食物。这 站起，狮群骚动了："哦！原来水那么浅……"于是不由分说蜂拥而上，抢走母狮的猎物，共同分享了。真无奈……

### 心灵咖啡屋

人生中的很多无奈,都是缘起于我们过分地想要彰显自己,原本别人并不知道我们的深浅,只是在一旁窥视,是我们的骄傲最终葬送了自己。

# 低看自己一眼

人若能客观地看待自己,甚至"低看"自己一眼,你的路或许就会更为开阔。

艾伦在迈阿密时是个印刷工,埋头苦干了很多年,人到中年准备发展自己的事业,然而他缺少足够的资金。

为此,他带着妻儿来到了洛杉矶,希望能够在大都市得到更好的发展机会。然而,初来的第一天,他虽然不辞劳苦地找了10家印刷公司,却没有一家愿意雇用他。他们的回答是:"我们的人手已经够了。"

翌日,艾伦跳上一辆公共汽车,来到一条长长的、繁华的大街。这是一条美食街,道路两旁经营着很多快餐店。最后,总算第6家快餐店的经理对他有点兴趣,但对方声明,工作很累,报酬也不高。艾伦表示,他能够接受这样的条件,而且会全心全意提供一流的服务。

艾伦工作很努力,表现也很出色,于是数星期以后,他被任命为那家连锁店的夜间部经理。

半年以后,这家快餐连锁店的大老板将艾伦叫到办公室,对他说:"我准备派你到奥兰治县一座有100户住户的大厦去当助理经理。"此时艾伦才知道,原来这家连锁店的老总还是一位地产大亨。不过艾伦非常诚实地告诉老板,在此之前他只做过印刷工作,对于管理大厦则是一无所知。

老板笑了笑,说道:"我调查过你管理快餐店时的记录,利润上涨了一半以上。其实,管理大厦与管理快餐店殊途同归———有认真负责、乐于助人的精神以及优质高效的服务，就一定能令客户满意。我想你一定能让大厦保持客满，准时收到房租，而且保养良好。"

最后，艾伦接受了那个工作———工资是他在快餐店时的4倍，而且老板还为他配备了一间漂亮的公寓。

### 心灵咖啡屋

低看自己一眼，不是自卑，不是自弃，而是一种谦逊的态度、一种睿智的智慧。你低看自己，别人才会高看你；你虚心，别人才会接纳你；你怀一颗平常心，才能将世上的风光尽收眼底；你普通，才能有更多的养分吸收摄取。人有时还是多低看自己一眼为好。

# 要么不飞，要么冲天

有时有血性未必是好事，只知拼命的绝对是莽夫，懂得隐忍的才是真豪杰。

楚庄王刚刚即位，就整天不理朝政，每天只知田猎消遣，酒色欢愉，与嫔妃宫女日夜歌舞作乐，还在朝堂门口悬挂一条命令，上面写着："有敢谏者，死无赦！"朝臣都不敢作声。这样三年过去了。

忽然有一天，有人要见庄王，此人名叫成公贾。庄王问道："你来干什么？是要喝酒，还是听音乐呢？"成公贾正色回答说："我不喝酒，也不听音乐，是来给你说说隐语，为你解闷的。"

接着，成公贾讲了这样一个故事。他说："刚才无事去郊外闲走，有人对我说了这样一个隐语，我不明白，想请大王明示。那隐语说，有只大鸟，身披五色花纹，栖息在楚国的高坡上已有3年，只是它总是不动，不知这是什么鸟？"庄王回答说："我明白了，这不是凡鸟。3年不动，是在暗下决心；3年不飞，是在等丰满羽翼、积蓄力量；3年不叫，是在观察周围情况。此鸟不飞则已，一飞冲天；不鸣则已，一鸣惊人。"

庄王其实很聪明，听懂了成公贾的意思。他的回答，是在表达自己的想法。

原来，楚庄王即位时，朝政还很混乱，他自己年纪很轻，没有威慑力。他的两位老师斗克（又名子仪）和公子燮拥有很大的权力，结伙作乱，蠢蠢欲动。庄王即位后，他们假派王命，令尹子孔和太师潘崇同舒人作战，而当子孔、潘崇出征后，他们又将子孔、潘崇两家的财产分掉，并派人刺杀子孔。当阴谋败露后，斗克和公子燮挟持庄王出逃。庄王在庐地获救后才回到国都亲政。在这种形势下，庄王龟缩潜伏，如今羽翼已逐渐丰满，所以，庄王接着对成公贾说："我知道做什么了，你等着吧。"

第二天，庄王突然上朝理政，接连甩出大手笔，提拔了5个有才德的官吏，还惩办了10名为非作歹的赃官，百姓拍手称快。接着，庄王下诏，派郑公子归伐宋，派蔿贾进攻晋军，以解救郑国所处的危难。结果，各方纷纷告捷：郑公子归战胜了宋人，抓获了宋国的执政人华元，还打败了晋军，俘虏了晋军的将领解扬。

从这以后，在庄王的治理下，楚国日益强大，楚庄王准备逐鹿中原。

### 心灵咖啡屋

豪杰便是豪杰，当他们缺乏展示宏图大志的充分条件时，便会暗自积蓄实力、蓄养精神，而一旦时机成熟，便全力出动，"一鸣"而众人惊，"一飞"而冲云霄。

# 跪射俑

"跪"未必就是坏事，保持生命的低姿态，避开无谓的纷争，避开意外的伤害，更好地保全自己，才是正道。

在秦始皇陵兵马俑博物馆，看到了那尊被称为"镇馆之宝"的跪射俑。导游介绍说，跪射俑被称为兵马俑中的精华，中国古代雕塑艺术的杰作。陕西省就是以跪射俑作为标志的。

## 6. 成熟的稻穗垂首而立

我仔细观察这尊跪射俑：它身穿交领右衽齐膝长衣，外披黑色铠甲，胫着护腿，足穿方口齐头翘尖履，头绾圆形发髻；左腿蹲曲，右膝跪地，右足竖起，足尖抵地；上身微左侧，双目炯炯，凝视左前方；两手在身体右侧一上一下作持弓弩状。据介绍，跪射的姿态古称之为坐姿。坐姿和立姿是弓弩射击的两种基本动作。坐姿射击时重心稳，用力省，便于瞄准，同时目标小，是防守或设伏时比较理想的一种射击姿势。秦兵马俑坑至今已经出土清理各种陶俑1000多尊，除跪射俑外，皆有不同程度的损坏，需要人工修复。而这尊跪射俑是保存最完整的，是唯一一尊未经人工修复的。仔细观察，就连衣纹、发丝都还清晰可见。

跪射俑何以能保存得如此完整？导游说，这得益于它的低姿态。首先，跪射俑身高只有1.2米，而普通立姿兵马俑的身高都在1.8米至1.97米之间。天塌下来有高个子顶着，兵马俑坑都是地下坑道式土木结构建筑，当棚顶塌陷、土木俱下时，高大的立姿俑首当其冲，低姿的跪射俑受损害就小一些。其次，跪射俑作蹲跪姿，右膝、右足、左足三个支点呈等腰三角形支撑着上体，重心在下，增强了稳定性，与两足站立的立姿俑相比，不容易倾倒、破碎。因此，在经历了两千多年的岁月风霜后，它依然能完整地呈现在我们面前。

### ☕ 心灵咖啡屋

保持低姿态，绝不是懦弱和畏缩，而是一种聪明的处世之道，是人生的大智慧、大境界。跪射俑之所以可以保存得如此完整，就在于它的低姿态。

# 豪华·哲斯顿的成功诀窍

请记住，任何人都有自己的自尊，尊重别人，你才会被人尊重。

豪华·哲斯顿被公认为是魔术师中的魔术师。40年间，他游走在世界

各地，一再地创造幻象，所有观众都被他神奇的表演深深吸引。40年来共有6000万人买票去看过他的表演，他赚了几乎200万美元的利润。

豪华·哲斯顿最后一次在百老汇上台的时候，卡耐基花了一个晚上待在他的化妆室里，想请哲斯顿先生告诉他成功的秘诀。哲斯顿告诉卡耐基，关于魔术手法的书已经有好几百本，而且有几十个人跟他懂得一样多，因此，他的成功并不是因为他的魔术手法与众不同。

但他有两样东西，其他人则没有。第一，他能在舞台上把他的个性显现出来。他是一个表演大师，了解人类天性。他的所作所为，每一个手势，每一个语气，每一个眉毛上扬的动作，都在事先很仔细地预习过，而他的动作也配合得分秒不差。第二，就是他十分尊重观众。他告诉卡耐基，许多魔术师会看着观众对自己说："坐在底下的那些人是一群傻子、一群笨蛋。我可以把他们骗得团团转。"但哲斯顿的方式完全不同。他每次一走上台，就对自己说："我很感激，因为这些人来看我表演。我要把我最高明的手法表演给他们看。观众可不是傻瓜，只要我出一点错，他们马上就会发现的，所以我要认真再认真。"

他说，他没有一次在走上台时，不是一再地对自己说："我爱我的观众，我爱我的观众。"也正因为有了对观众的尊重，才使得他的表演更具吸引力。

豪华·哲斯顿完全掌握了做人的一项重要原则：小瞧别人的人，是不会受到别人的尊重和认可的。他尊重他的每一位观众，对他来说，魔术不是唬骗观众，而是与观众交流感情的工具。因此，他博得了观念的好感，在魔术表演上取得了巨大的成功，他的魔术表演并不比别人的魔术师神奇，但他对观众的尊重却帮了他大忙。观众是敏感的，台上的魔术师是以怎样的态度对待他们的，他们立刻就可以感觉得到。

### 心灵咖啡屋

要想获得别人的友谊或感情，就要用心去改善自己的态度，并增进能让别人喜欢自己的品质，而这品质中最重要的一条便是学会尊重别人。

# 7. 所谓的门槛，过去了便是门，过不去就成了坎

　　所谓门槛，过去了就是门，没过去就成了坎。所谓困难，挺过去了就是通道，过不去就是绊脚石。所谓生活，就是生出来，就要好好地活。所谓幸福，就是掉进烂泥坑，却摸出了一条大鱼来。

## 冬梅绽放

**所谓门槛，过去了便是门，过不去便是坎……**

许冬梅拥有一个称得上完美的家庭：丈夫杨子诺事业有成，儿子杨峰品学兼优，双方父母都身体健康，她自己则在家当一名养尊处优的全职太太。她对自己的生活状态很满意，觉得生活就是这样，已经没有什么遗憾了。

可是上天看不得她享受幸福生活，一场突如其来的变故打碎了她的幸福。

财务部经理卷走了丈夫公司所有的钱，给杨子诺留下了一个烂摊子：没有资金周转，公司已经无法运转；有债务关系的纷纷上门要债，声称不还就诉诸法律。公司陷入了生死两难的境地，杨子诺背负着巨大的压力。

遇到的问题虽困难，可是终会有解决的办法，丈夫杨子诺是个很有能力的人，所以许冬梅并没有很恐慌。可是巨大的压力令杨子诺心脏病突发，他独自一人离开了人世，把所有的担子都压到了许冬梅的身上。

许冬梅一下子蒙了，长期的安逸生活让她不知如何应对这场变故。丈夫的离世、公司的难题，都让她心力交瘁，她甚至想追随丈夫而去。可是看看双鬓斑白的老人，想想还未成年的儿子，她无法撒手西去，她必须挑起这副沉重的担子。她已经想尽办法筹钱，可是这个时候无人伸出援助之手。看着堵住家门的债主，许冬梅苦不堪言。她费尽口舌向众人解释，希望可以多宽限些时日。或许是看在她孤儿寡母的分上，众人没有过分地难为她，最后答应给她一些时间让她再想办法。

债务的问题暂时解决了，可公司还是一个烂摊子。没有周转的资金，许冬梅只好把自己的房子做了抵押，用微薄的资金支撑起公司的运作。公

7．所谓的门槛，过去了便是门，过不去就成了坎

司勉强运作起来了，可是人员也快流失光了，大部分人都不愿待在风雨飘摇的公司里，只有少数的几个人留了下来。

因为公司停止了一段时间，所以想要恢复以前的运作需要花费很大的精力，而且许冬梅对公司的业务是完全陌生的，所有的东西她都要从头学起。

接下来的日子，许冬梅一边虚心向公司老员工求教，一边照顾老人孩子，高强度地劳作让她疲惫不堪。可是看到渐渐有起色的公司和安稳的家庭，她把所有的苦都咽进肚子里，然后继续努力。

经过两年的艰苦努力，许冬梅还清了所有债务，公司也重新进入了正轨。

此时的许冬梅已不再是当年的悠闲主妇，而变成了一位坚强、能干的女强人。苦难没有打倒她，反而为她展示了一番新的天地。

### 心灵咖啡屋

磨难可以使人脱胎换骨。如果说我们以前是被动地接受命运，那么从现在起我们就要主动地创造命运。对于坚强的人而言，磨难并不可怕，它只是成功的垫脚石。

## 独臂也能搬砖

不要因为自己有某些缺陷就自暴自弃，要知道，那不是你放弃自己的理由。

一个乞丐来到一人家门口，向正在浇花的女主人乞讨。女主人看了他一眼，说："我可以给你钱，但你要帮我把这堆砖搬到屋后面去。"乞丐一下生气了，他用左手指着自己的右边说："难道你没看见吗？我没

有右手，你还叫我搬砖。如果你不想给钱就算了，何必故意刁难、羞辱我呢？"

女主人也不跟他多说，只用自己的左手拿了一块砖，搬到了屋后面，然后对乞丐说："你看到了，一只手照样能干活儿，我能做到，为什么你不能做到？少一只手不是可以乞讨的理由。"

乞丐大概是头一次听到这样的话，他一下愣住了，用异样的目光看着女主人。一会儿他便用仅有的一只左手搬起砖来，一次两块，整整花了两个小时他才把砖搬完。乞丐接过女主人给他的20元钱，很感激地说："谢谢。"女主人说："不用谢，这是你应得的工钱。"

一晃几年过去了，突然有一天，一个颇为气派，可只有一只手的大老板来到女主人的家。这个大老板就是当年的那个搬砖的乞丐。不过，如今他可非同寻常了，他已经是一家大型公司的总裁，他是专程来感谢女主人的。他说："如果不是你当年警醒我，我现在可能还在乞讨生活，绝不会有今天的成就。"

### 心灵咖啡屋

依赖对于生命力而言是一种束缚，处处借助他人的力量去追求成功，就好比建在沙滩上的大厦，没有坚实的基础，一阵海浪过来，就会毁于一旦。

## 后主之祸

懦弱的人在对手或困难面前，往往不会坚持，而选择回避或屈服，他们常常更愿意用屈辱来换回安宁。

当初，宋太祖赵匡胤肆无忌惮、得寸进尺地威胁欺压南唐。南唐的镇海节度使林仁肇有勇有谋，听闻宋太祖在荆南制造了几千艘战舰，便向李后主奏禀宋太祖是在图谋江南。南唐忠君人士获知此事后，也纷纷向李后主奏请，要求前往荆南秘密焚毁战舰，破坏宋朝南犯的计划。可李后主却胆小怕事，不敢准奏，以致失去防御宋朝南侵的良机。

后来，南唐国灭，李后主沦为阶下囚，其妻小周后常常被召进宋宫，侍奉宋皇，一去就得好多天才能放出来。至于她进宫到底做些什么，作为丈夫的李后主一直不敢过问。只是小周后每次从宫里回来就把门关得紧紧的，一个人躲在屋里悲悲切切地抽泣。对于这一切，李煜忍气吞声，把哀愁、痛苦、耻辱往肚里咽，实在憋不住时，就写些诗词，聊以抒怀。

李煜虽然在诗词上极有造诣，然而作为一个国君、一个丈夫，他是一个懦夫，是一个失败者。

### 心灵咖啡屋

做人，就要做得有声有色、堂堂正正、顶天立地，无论你内心感觉如何，都要摆出一副赢家的姿态。就算你落后了，保持自信的神色，仿佛成竹在胸，会让你心理上占尽优势，而终有所成。

# 至少你还有鞋子穿

如果你失去一只手，就庆幸自己还有另外一只手；如果失去两只手，就庆幸自己还活着。

有个穷困潦倒的销售员，每天都在抱怨自己"怀才不遇"，抱怨命运捉弄自己。

圣诞节前夕，家家户户热闹非凡，到处充满了节日的气氛。唯独他冷冷清清，独自一人坐在公园的长椅上回顾往事。去年的今天，他也是一个

人，是靠酒精度过了圣诞节，没有新衣，没有新鞋，更别提新车、新房子了。他觉得自己就是这世界上最孤独、最倒霉的那一个人，他甚至为此产生过轻生的念头。

"唉！看来，今年我又要穿着这双旧鞋子过圣诞节了！"说着，他准备脱掉旧鞋子。这时，"倒霉"的销售员突然看到一个年轻人滑着轮椅从自己面前经过。他顿时醒悟："我有鞋子穿是多么幸福！他连穿鞋子的机会都没有啊！"从此以后，推销员无论做什么都不再抱怨，他珍惜机会，发愤图强，力争上游。数年以后，推销员终于改变了自己的生活获得成功。

### 心灵咖啡屋

上苍给予每个世人的苦与乐大致相同，只是世人对于苦乐的态度不同。有时我所求，却在别人处，有时我所有，正是他所求。人皆有苦，亦皆有乐。勿因苦难不能自已，殊不知有人更苦？心放平常处，人自会开怀。

## 金靴奖是怎样炼成的

摆在我们面前的路有很多条，一旦选择了适合自己的那条，哪怕一路上荆棘密布，也要坚定地走下去。

有这样一个热爱足球的女孩，黑而瘦小的她竭尽了全力，最终还是没能进入省里的女子足球队。当考核结束之后，所有落选的女孩儿都失望地离开了，只有她还默默地坐在场地边上看队员们训练。

教练看到了她伤心的样子，心里有些过意不去，就走过去安慰她。"您能留下我吗？"女孩儿抬起头，眼睛里饱含着泪水。"可我们的主力队员已经够了。"教练为难地说道。"那就让我做个替补队员吧，总得有人给主力队员拿衣服、送矿泉水啊。""你为什么非要留下来呢？"教练对她的

7. 所谓的门槛，过去了便是门，过不去就成了坎

执着感到好奇。"对我来说，这是我离成功最近的地方，在这里我随时都有机会成为主力队员，不是吗？"教练望着她企求的眼神，实在是不忍心拒绝，于是便答应了她的请求。

女孩儿十分珍惜这个接触球场的机会，从此以后，每当场上的队员进行训练的时候，女孩儿就默默地在场下练球。她的坚持不懈终于为她赢得了难得的机会。在一次重要的比赛里，前锋队员意外受伤，万般无奈之下教练只好派她上场。结果女孩儿在下半场连进两球，不仅帮助本队获得了胜利，更使得自己一举成名。她就是女子足球世界杯金靴奖得主——孙雯。

### 心灵咖啡屋

急功近利要不得，一步登天更是空想。没有人一上台就能够惊艳全场，想要自己的人生得到奖赏，就要在困苦中默默地积蓄力量。

# 真相

人可以失意，但不能失去自尊。是做以卑微博同情的小丑，还是做人见人敬的英雄，相信你的心中会有一杆秤。

威廉姆斯走出办公大楼，身后突然传来"嗒……嗒……嗒……"的声音，很显然，那是盲人在用竹竿敲打地面探路。威廉姆斯愣了片刻，接着，他缓缓转过身来。

盲人觉察到前方有人，似乎突然矮了几公分，蜷着身子上前哀求道："尊敬的先生，您一定看得出我是个可怜的盲人吧？您能不能赏赐这个可怜人一点时间呢？"威廉姆斯答应了他的请求。"不过，我还有事在身，你若有什么要求，请尽快说吧。"他说。

片刻之后，盲人从污迹斑斑的背包中掏出一枚打火机，接着说道：

"尊敬的先生,这可是个很不错的打火机,但是我只卖2美元。"威廉姆斯叹了口气,掏出一张钞票递给盲人。

盲人感恩戴德地接过钞票,用手一摸,发现那竟然是张百元美钞,他似乎又矮了几厘米:"仁慈的先生啊,您是我见过最慷慨的人,我将终生为您祈祷!愿上帝保佑您一生平安!先生您知道吗?我并非天生失明,我之所以落到这步田地,都是拜15年前迈阿密的那次事故所赐!"

威廉姆斯浑身一颤,问道:"你是说那次化工厂爆炸事故?"

盲人见威廉姆斯似乎很感兴趣,说得越发起劲:"是啊,就是那一次,那可是次大事故,死伤好多人呢?!"盲人越说越激动,"其实我本不该这样的,当时我已经冲到了门口,可身后有个大个子突然将我推倒,口中喊着'让我先出去,我不想死',而且,他竟然是踩着我的身子跑出去的!随后,我就不省人事,待到我从医院中醒来,就已经变成了这个样子!"

谁知,威廉姆斯听完以后,口气突然转冷:"肖恩,据我所知事情并不是这样,你将它说反了!"

盲人亦是浑身一颤,半晌说不出一句话来。威廉姆斯缓缓地说:"当时,我也在迈阿密化工厂工作,而你就是那个从我身上踏过去的大个子,因为你的那句话,我这一生也忘不了!"

盲人怔立良久,突然一把抓住威廉姆斯,发出变调的笑声:"命运是多么的不公平!你在我身后,却安然无恙,如今又能出人头地。我虽然跑了出来,如今却成了个一无是处的瞎子!这灾难原本是属于你的,是我替你挡了灾,你该怎么补偿我?"

威廉姆斯十分厌烦地推开盲人,举起手中精致的棕榈手杖,一字一句地说道:"肖恩,你知道吗?我也是个瞎子,你觉得自己可怜,但我相信我命由我不由天!"

### 心灵咖啡屋

遭遇相同,境遇却大相径庭。有人甘愿沦落,以落魄博取同情,有人自食其力,博得个满堂红。这便是"能人"与"懦夫"的区别。

## 8. 命运负责洗牌，但是出牌的是我们自己

你无法改变世界，但你却能让自己成为被上帝眷宠的那一方，方法就是让自己去适应这个世界，并以此为前提，用自己的能力去改造环境、创造公平。当你将自己改变了，你的世界也就随之改变了。记住，命运负责洗牌，但出牌的是我们自己！

## 一副烂牌

**如果你抓了一副烂牌，这已经不能改变，你所要做的就是尽力打好它！**

很多年前，美国的一个小男孩与家人一起打牌，他连续抓了几次烂牌，而且都输了，这时，他开始抱怨自己的手气太差、运气不好。他的母亲听到这些，放下手中的牌，严肃、认真地对小男孩说："不管你抓的牌怎样，你都必须要接受它，并且要尽最大的努力将牌打好！"小男孩看着母亲那郑重其事的面孔，有些发愣，似懂非懂地点了点头。他的母亲继续说道："人生也是这样，上帝为每一个人发牌，牌的好坏根本不由自己选择，但我们可以用好的心态去接受现实，并竭尽全力，让手中的牌发挥出最大威力，赢得最好的局面。"

母亲的这番教诲被小男孩一直牢记心上，从此以后，他不再抱怨自己的命运，他总是能以良好的心态去迎接人生的每一次挑战。良好的心态造就了他的人生，他克服人生中的困难，一步步地成为陆军中校、盟军统帅、美国总统。

他就是美国第 32 任总统艾森豪威尔。

### 心灵咖啡屋

弱者怨天尤人，强者兴奋地迎接挑战，越是在逆境之中，我们就越要保持良好的心态，这样你才能找到出路。

## 恒则富

时运不济，人人都可能遇到，一辈子都没有受过挫折的人是很少的。

杜克·鲁德曼是一个年过 60 岁的老人。他自认为是一个遭受失败最多的人。他热衷于石油的开采，他说他一生中每打 4 口井，就有 3 口是枯井。

可是他依然从逆境中走了出来，成了一个身价超过两亿美元的富翁。

杜克·鲁德曼自己回忆说："当年我被学校开除后，就跑到得克萨斯的油田找了一份工作。随着经验的逐渐丰富，我便想自己当一名独立的石油勘探者。那时候，每当我手里有钱了，我就自己租赁设备，进行石油勘探。在连续的两年里，我一共打了将近30口井，但全部是枯井。当时，我真的是失望极了。"杜克·鲁德曼的确陷入了困境，将近40岁了，依然一无所成。但是，他不但没有被逆境压倒，反而更加勤奋努力。他开始研读各种与石油开采有关的书籍，获得了丰富的理论知识。等理论知识掌握得非常充分的时候，他卷土重来，租好设备，找好地皮，进行又一次石油开采。这一次他没有遇到枯井，看到的是汩汩的石油。

### 心灵咖啡屋

每一种挫折或不利的突变，都带着有利的种子。最危险的时候，也就是你的爆破力发展到最大限度的时候。任何事情都是多方面的，我们看到的只是其中的一个侧面。

## 东京少女的迷茫

*生活应该这样* ——当你没办法改变世界时，那么就去改变你自己。

一位女大学生在假期时勤工俭学，到日本东京帝国饭店打工，然而令她没想到的是，自己被分配的工作竟然是洗厕所。在她第一次将手伸进马桶时，那感觉难以言喻。她非常难过，很想哭：自己这样一个高才生，竟沦落到做这种低微的工作！她感到无法接受，于是决定辞职不干。

然而那一天，一位老人，却给她上了一课。老人在完成工作以后，居然从马桶中舀了一杯水喝下去。女大学生怔立当场，看得瞠目结舌。老人则满脸自豪，他告诉大学生，清洗过的马桶绝对是干干净净的，这里的水

是完全可以喝下去的。

这一举动让女大学生深受启迪——这就是所谓的工作态度！不管是什么工作，哪怕它再低微，也有其境界与最高质量可以追求。而工作的价值和意义，不在于其工种，关键是从事工作的人能否将一颗心放在工作上，去做出尽善尽美的成绩。

从此以后，她不再视洗厕所为既苦又脏又低下的工作，而是将其当作自我磨炼与提升的机会，每次做完工作，她总会问自己："我敢从这里舀一杯水喝下去吗？"当假期结束时，经理带着人前来验收考核成果，女大学生和老人一样，当着所有人的面，从自己清洗过的马桶中舀了一杯水，仰头一饮而尽！她的举动令所有人震惊当场，尤其饭店的总经理，他认为这个女孩绝对是不可多得的人才！凭借着这一丝不苟的工作态度，在37岁之前，她一直是帝国饭店最优秀的员工和晋升最快的人。

37岁之后，她进入政界，并最终成为日本内阁邮政大臣，她的名字就是野田圣子。每每在做自我介绍时她总还是说："我是敬业的厕所清洁工和最忠于职守的内阁大臣。"

### 心灵咖啡屋

人生在世，凡事但求尽能力、尽本分、尽良心去做，至于结果如何又是另一回事，问心无愧即可。所谓"谋事在人，成事在天"，你只要竭尽全力，人生便不存在遗憾。

# 布莱恩特的对抗

这世上根本没有翻不过的山，当你懂得感谢折磨自己的人时，你就会懂得感恩命运。当你能够感恩生命中的一切苦难时，你就是一个真正成熟的人。

在国外某个小镇，有一个名叫布莱恩特的年轻人，他在小镇上开了一

## 8. 命运负责洗牌，但是出牌的是我们自己

家杂货店，这店铺是他们家祖传的，从他爷爷那辈就开始经营。总而言之，这间小小的杂货店虽然不起眼，却一直被布莱恩特视为"珍宝"。布莱恩特诚实守信、买卖公道、童叟无欺，因而他的店铺在小镇上拥有不错的声誉。完全可以这么说，布莱恩特的铺子对镇上的居民而言，简直就如手足一般，是不可或缺的。布莱恩特本人并没有什么野心，他甚至没想过有朝一日要赚大钱，他只希望这家老店能够传承下去。他的儿子在慢慢长大，这间小铺子很快就会有新接班人了。

可是有一天，一个外乡人笑嘻嘻地来拜访布莱恩特，让人不愉快的事情发生了！

外乡人表示，他准备买下这间铺子，并要求布莱恩特报个价钱。

布莱恩特当然舍不得，就算是给出双倍的价钱也不会卖！要知道，这间铺子可不仅仅是生意那么简单，它代表的是事业，是遗产，是信誉！

外乡人耸耸肩，一脸奸笑地说："抱歉，我已经买下了街对面那幢空房子，好好装修一遍，再进些上好的货品，价位定得低一些，到那时你没生意可不要后悔！"

就这样，布莱恩特眼见对面贴出了翻新告示，又见一些木匠、漆匠在里面忙得不亦乐乎，他的心情跌到了谷底！对面新店开业以后，布莱恩特的生意果然一落千丈，因为对方的货物样式新、价格低，客人都被抢了去。看来，外乡人是有心要挤垮布莱恩特的老店。

不能再任其发展下去，布莱恩特决定予以还击。可是，如何才能打退对手呢？在经营中布莱恩特曾经发现，每每他把一些商品摆在门口甩卖时，人们的兴趣总是格外浓厚，他们喜欢挑来挑去，然后买走所需的东西，这使布莱恩特产生了一个新想法——对店铺进行大改革，这是他从未想过的事情。说做就做，布莱恩特找来几个木匠制作了一排货架，随后又进城采购了许多货品，然后分门别类地将其摆放在货架上，并在相应的货品下贴上价签，他撤掉了老式柜台，只在门口摆了张桌子收款。如此一来，人们就可以自由地挑选自己喜爱的货物。这一改革在小镇引起了轰动，人们一窝蜂地跑道布莱恩特的店里买东西，布莱恩特获得了成功，而

那个外乡人只得卷铺盖走人了。后来，布莱恩特又将自己的新店经营模式推广到城里，结果他很快就成了一个名人。

### 心灵咖啡屋

有人折磨你，这未必不是一件好事，对他不要怨恨，当然，更不要被击倒。因为倘若我们无法接受那些磨难，就不可能体会到成功的真谛。

## 请别为我伤心

你无法改变世界的不公，但你却能让自己成为被上帝眷宠的那一方，方法就是让自己去适应这个世界。

罗伯特·巴拉尼出生在奥匈帝国首都维也纳。他的家庭非常贫困，年幼时又不幸患上骨结核病，因为没有钱做完善的治疗，他的膝关节留下了残疾——永久性僵硬。父母对儿子感到很愧疚，巴拉尼本人同样痛苦至极。然而，尽管他当时才七八岁的年纪，却已经懂得将自己的痛苦隐藏起来，不让大人再揪心。他很乐观地对父母说："爸爸妈妈，请别为我伤心，我相信自己完全可以做出一个健康人的成就。"听了儿子的话，父母真是又悲又喜，他们抱着巴拉尼哭了起来。

从这以后，巴拉尼便下定决心，绝不能输给那些健康人！对于儿子的坚强、"好胜"，巴拉尼的父母甚是欣慰。10 余年，他们每天交替接送巴拉尼上学、回家，风雨不改！而巴拉尼也从未辜负父母的一番苦心，更没有忘记自己的决定，一直以来，他的成绩始终遥遥领先。

18 岁那年，巴拉尼考入维也纳大学医学院。24 岁时，他获得了博士学位。毕业以后，巴拉尼以见习医生身份，留在了维也纳大学耳科工作。在工作上，他非常努力，因而受到维也纳大学医院著名医生亚当·波利兹的青睐。他对巴拉尼的工作和研究给予了极大的支持和指导。后来，巴拉尼又对眼球震颤现象进行了深入研究和探源。经过5年的努力，他发表了一篇题为《热眼球震颤的观察》的研究论文，并受到了医学界的广泛关注和认同。从此，耳科"热检验法"宣告诞生。以此为基础，巴拉尼再度深入钻研，并最终通过临床试验证明内耳前庭器与小脑有关，这一科研成果，奠定了耳科生理学的基础。

巴拉尼33岁那年，亚当·波利兹医生病重，他将自己主持的耳科研究所事务及维也纳大学耳科医学教学任务全部移交给了巴拉尼。突如其来的繁重工作令巴拉尼压力大增，但他没有放弃对于专业的深入探索。此后的两年间，巴拉尼先后发表了《半规管的生理学与病理学》、《前庭器的机能试验》两本著作。鉴于巴拉尼在医学科研领域的突破性贡献，奥地利皇家决定授予他爵位殊荣。38岁那年，巴拉尼又斩获了诺贝尔生理学及医学奖。

### 心灵咖啡屋

霉运不会一直伴随着某一个人，就算是咸鱼也有翻身的那一天，何况是我们！如果你的世界正承受着灰暗，千万不要钻牛角尖，因为这一切总会过去。要知道，黎明之前最黑暗。

## 工程师之殇

身处逆境之中，我们最大的敌人不是苦难，而是自己。只有扭转自己对于挫折的看法，才能彻底消除挫折带给我们的恐惧。

在经济体制改革的冲击下，X城一家机械厂因为效益不好，决定进行裁员。在第一批下岗的人员中，有这样两位男性，他们都是四十岁左右的年纪，一位拥有着本科学历，是当年厂里少有的知识分子，下岗前任工程师一职，另一位是普通工人。毫无疑问，论才华、论知识面，工程师都要强过普通工人不少。然而，面对下岗这件事，他的心态却输给了普通工人，因而造成了两种不同的命运。

工程师竟然下岗了！这在厂里掀起了轩然大波。工人们相互议论着、嘀咕着。工程师对于这一人生变故深为惊讶。他有过愤怒、有过咒骂，甚至与厂领导在办公室大吵一场，但都无济于事。下岗的人数还在不断递增，很多工程师都下岗了。虽说如此，可他的心里就是不能平衡，他怎么也想不通下岗这种事为何会落到自己身上，他整天将自己关在家中，不愿出门见人，也从没想过如何重新经营自己的人生。怨恨、忧郁的心态抑制了他的一切，包括他的智商。他原本就患有高血压的毛病，身体也不强壮，这次打击之后，他彻底被忧郁的心态征服了，整日里毫无生气，没过几年便郁郁而终。

反观那位普通工人，他却能很快从下岗的阴影中解脱出来。他鼓励自己，别人没有工作不是一样可以凭本事活得很好，自己又有什么做不到。那以后，他的心中就没有了抱怨和焦虑，他坦坦然然地接受了这个现实，并在亲戚朋友的帮助下开起了一家小小的汽车修配厂。由于经营得当、价格公道，为人又热情，他的生意非常红火，仅一年多的时间，就还清了借款。现在，他的汽配厂已经扩充了几倍，他成了 X 城小有名气的"老板"，他的生活显然要比在工厂时更好。

### 心灵咖啡屋

一个人，其自身的态度决定着人生航向，同时也决定着生活的质量。面对那些突如其来的苦难，倘若我们不能保持一个良好的心态，就会渐渐钻进牛角尖，无法得脱，生命之花亦会随之逐渐枯萎。

## 9. 如果冬天来了，春天还会远吗

　　心情的颜色会影响世界的颜色，如果你逃脱不了悲观的控制，就无法享受生活。所以说，面对困难，消极悲观是于事无补的，只有用阳光的心态去面对，以微笑来迎接困难，我们才能拥有一个全新的太阳。请别忘记提醒自己：既然冬天都已经来了，那么春天还会远吗？

## 绝处逢生

**很多时候，人并没有陷入绝境，自断其路的是悲观的心。**

一位旅人，某日行至险峻山道，不慎失足跌下山崖。空谷山风刮耳而过，求生的本能让他抓住了一根悬于崖壁的枯藤，幸免于糊涂摔死。正当他惊魂未定之际，却发现头顶上一只硕大的山鼠正在啃噬那一根救命藤。底下是一片深不知几千几万尺的漆黑，恐惧让他闭上了眼。但他是个勇敢的旅人，从小受过最优秀的训练，恐惧只是在一瞬间袭过他的全身，紧接着他便开始正视自己的处境，环顾四周，无处落脚。他想，对一个钟情于山水的人来说，这未尝不是一个好的归宿，至少人生的最后一刻也活得相当刺激，而奔波一生所求的不过如此。因此，他便悠然起来，甚至对旁边一株红得亮丽妖艳，几乎与他的窘迫境况形成反讽的野莓产生了兴趣。"将死而尚有秀色可餐，岂不快哉！"就在他准备品尝这人生最后的滋味时，奇迹竟然出现了：伸手间，蓬松的野莓枝叶下，一块足以立身的山石突兀而出……

### ☕ 心灵咖啡屋

很多困境只存于心，这是需要我们去打破的牢笼。无论如何我们都不能绝望，不能轻易埋没自己的理想。这个世界上，没有绝望的处境，只有对处境绝望的人。

## 我的手指还能动，我的大脑还能思考

人的一切都可以被剥夺，除了最后的一点自由——不管在什么情况下，你都可以选择自己的态度和方式。

"我的手指还能活动；我的大脑还能思考；我有终生追求的理想；我有爱我和我爱着的亲人和朋友；我还有一颗感恩的心……"这段豁达而美妙的文字，出自当代最伟大的科学家斯蒂芬·威廉·霍金——一位在轮椅上生活了几十年的残疾人之手。

然而，霍金并不是一生下来就坐轮椅。青年时代，霍金是牛津大学公认的最有前途的明星学生，但在他大三那年，却发现自己身上突然出现了一种奇怪的症状——手脚逐渐变得不利索，甚至有时候还会无缘无故地跌倒。

在他刚满21岁那年，人们介绍了一位专家为他诊治。专家在做了各种医学测试之后，判定这是一种罕见的多发性硬化症，而且会继续恶化，但是对于治疗，专家也无能为力，这就意味着霍金要带着他虚弱无力的身体，在轮椅上度过余生。

1985年，霍金再一次遭受灾难的打击。他感染了肺炎，医生不得不为他进行气管切开手术，也就是在脖子及气管上直接切口形成通气孔，这样一来，他将永远失去说话的能力。

尽管生活对霍金如此不公平，夺走了他健康灵活的双腿，夺走了他与人正常交流的说话能力，留给了他无尽的病痛，但是，霍金没有抱怨生活的不公，而是通过改造自我和不懈努力，去积极适应生活。如今，霍金已经成为世界上最著名的物理学家之一，他拥有3个孩子、1个孙子，12个荣誉学位，是英国皇家协会的特别会员，还获得了很多奖项和勋章。

### 心灵咖啡屋

生活，确有不公；抱怨，无济于事，无非徒增烦恼而已。其实只要我们能够平心静气，坦然接受这人生中的无常，那么很可能就会出现转机。

# 祸不单行

在那些曾经受过折磨和苦难的地方，最能长出思想来。

米切尔在车祸发生之前，正愉快地骑着一辆摩托车在公路上飞驰，时速约有100公里。

当他习惯地偏头看后方来车时，没想到走在前面的大卡车突然刹车。几乎来不及反应的米切尔，在危机中为了保住性命，闪电似的按下摩托车的把手，让车身侧倒滑进卡车底下。

没想到油箱盖就在此时突然崩开，悲剧就此发生，油箱里的汽油溅洒出来，更被摩擦的火花引燃。

当米切尔苏醒时，他已经躺在医院的病床上好几天了。

全身70%面积烧伤，痛得让他不能动弹，呼吸也极为困难。但是，他却一点也没有放弃求生意志，他不断地告诉自己："无论如何，我一定要活下去。"靠着坚强的意志力，他挺了过来，重新开始了他的人生与事业。没想到，老天又一次捉弄了他。一场飞机失事，令米切尔的下半身从此瘫痪。

祸事接二连三，却从未削减米切尔的斗志。后来，他成了美国最活跃的成功人士之一，他在巡回演讲时常说："因为这些经历，让我真正地体验到生命的成功与喜悦。"

后来，他更成了美国深具影响力的人物，不仅事业有成，更进入国

9. 如果冬天来了，春天还会远吗

会。1986年，他还当上科罗拉多州的副州长。

### 心灵咖啡屋

生命陷落之时，也许正是我们发挥韧性的机会。假如说，你总是躲在暗处垂头丧气，看看米切尔的例子，再想想自己的人生……其实人生没有困难或挫折，便真的不能称之为完整的人生。

## 一条金项链

别总往坏处想，有些困难其实根本没有想象中那么巨大，如果每天都陷在对困难的恐惧当中，不用死神来召唤你，自己就把自己吓死了。

丹麦有个民间故事，说的是一个铁匠，家里非常贫困。于是铁匠经常担心："如果我病倒了不能工作怎么办？""如果我挣的钱不够花了怎么办？"结果一连串的担心像沉重的包袱压得他喘不过气来，使他饭也吃不香，觉也睡不好，身体一天天消瘦。

有一天，铁匠上街去买东西，突然晕倒在路旁，恰好有个医学博士路过。博士在询问情况后十分同情他，就送了他一条金项链并对他说："不到万不得已的情况下，千万别卖掉它。"铁匠拿了这条金项链高兴地回家了。

从此之后，他经常想着这条金项链，并自我安慰道："如果实在没有钱了，我就卖掉这条项链。"这样他白天踏实地工作，晚上安心地睡觉。逐渐地，他又恢复了健康。后来他的小儿子长大成人，铁匠家的经济也宽裕了。有一次他把那条金项链拿到首饰店里去估价，老板告诉他这条项链是铜的，只值1元钱。铁匠这才恍然大悟："博士给我的不是条金项链，而是治病的方法啊！"

☕ 心灵咖啡屋

如果困难是一座山，而你一直躺在山下哀号，那么这山便高不可攀，因为你只能仰视它。无须惶恐，登山就好，这一路上还有流泉飞瀑、虫鸣鸟唱，有翠树红花、紫岚白云，即便山路崎岖，前途跌宕，又有何惧？

# 多想也没用

换个角度想，危机不失为一种财富，因为它给予了你一次重新审视自己的机会。

当年，24岁的卡耐基不无悲哀地放弃了演艺生涯，流落在曼哈顿街头。他无数次地问自己："我的前途在哪里？我的希望在哪里？我热烈憧憬充满活力的人生在哪里？为自己轻蔑的工作而起早贪黑地忙碌，住在与螳螂为伍的陋室，吃着简单粗陋的食物，这就是我的人生吗？"他找不到出路，看不到希望，忧虑和烦恼使他患了偏头疼的病，他无所适从，痛苦难耐。

一天，卡耐基偶然在"商联会"大厦前遇到一位左手齐腕切断的年轻人，同情和怜悯使他走过去，和小伙子攀谈起来。小伙子十分乐观地告诉卡耐基，他的手是被轧钢机轧断的，手虽然没有了，可是命还在呀！卡耐基问他生活是否困难，是否经常被烦恼所困扰。小伙子笑了笑，说："不会的。我早就忘了这件事了。只是在缝衣服的时候，才会想起自己少了一只左手。"短短的几句话，却深深打动了卡耐基的心，并使他受到启发：一个人在不得已时，不论什么状态都要接受它；至于已经过去的事，多想也没用，只能尽快忘掉它。

他开始寻找自己烦恼的原因：疲惫不堪和工作了无兴趣，导致推销工作失败；大学期间的辉煌之梦被现实生活击碎，舞台生涯的彻底失败和生活的四处奔波……新的忧郁和旧的烦恼像不停滴落的水滴，不断地滴下来……使他痛苦不堪，几乎要到精神崩溃的边缘。卡耐基扪心自问："我日夜忧虑，对目前的困境究竟有什么益处呢？"想到此，他一骨碌爬起来，拿出纸和笔，在简陋的书桌上梳理自己的人生。他在白纸上写出这样几个问题：

1. 过去已经逝去，未来尚未可知，你想生活在昨天、今天还是明天？
2. 令我烦恼和忧虑的问题究竟是什么？有什么万全的应对之策？
3. 如果把忧虑的时间用来行动，我会得到什么？我的梦想是什么？

卡耐基就这样不断地追问自己，写呀画呀，画呀写呀。当黎明来临的时候，一丝曙光也照亮了他的心。

卡耐基就是用这种方法，顺利度过了彷徨苦闷的时期，迎来了创立自己事业的新起点。

### 心灵咖啡屋

你改变不了环境，但你可以改变自己；你改变不了事实，但你可以改变态度；你改变不了过去，但你可以改变现在；你不能控制他人，但你可以掌握自己；你不能预知明天，但你可以把握今天；你不能样样顺利，但你可以事事尽心；你不能左右天气，但你可以改变心情；你不能选择容貌，但你可以展现笑容；你不能延伸生命的长度，但你可以决定生命的宽度。

## 希望的种子

凡是看得见未来的人，也一定能掌握现在，因为明天的方向他已经规划好了，知道自己的人生将走向何方。

有个突然失去双亲的孤儿，生活过得非常贫穷，今年唯一能让他熬过冬天的粮食，就只剩下父母生前留下的一小袋豆子了。

但是，此刻的他却决定要忍受饥饿。他将豆子收藏起来，饿着肚子开始四处捡拾破烂，这个寒冬他就靠着微薄的收入度过了。也许有人要问，他为什么要这么委屈或折磨自己，何不先用这些豆子充饥，熬过了冬天再说？

或许，聪明的人已经猜到了，原来整个冬天，在孩子的心中充满着播种豆苗的希望与梦想。

因此，即使这个冬天他过得再辛苦，他也不曾去触碰那袋豆子，只因那是他的"希望种子"。

当春光温柔地照着大地，孤儿立即将那一小袋豆子播种下去。经过夏天的辛勤劳动，到了秋天，他果然得到丰富的收获。

然而，面对这次的丰收，他却一点也不满足，因为他还想要得到更多的收获，于是他把今年收获的豆子再次存留下来，以便来年继续播种、收获。

就这样，日复一日，年复一年，种了又收，收了又种。

终于，孤儿的房前屋后全都种满了豆子。他也告别了贫穷，成为当地最富有的农人。

### 心灵咖啡屋

留住心中的"希望种子"，请相信我们必然无可限量，心存希望，任何艰难都不会成为我们的阻碍。只要怀抱希望，生命自然会激情绽放。

# 10.
## 迟钝一点，你的烦恼就少一点

迟钝一点，烦恼就少一点。不要那么精明，也不必那么敏感，别把一切看得太清，别把事情做得太分明。与其将自己武装得精明强干，苦苦支撑，倒不如修炼一下迟钝的能力，在面对生活、爱情、工作中那些层出不穷的琐碎烦恼时，穿上"钝感"这件厚厚的盔甲，然后把所有的伤害统统反弹回去，让它们消失于无形。

## 不受欢迎的原因

所谓"聪明人讨人嫌",你时时表现得比别人聪明,你就难免成为别人的眼中钉。

亨莉小姐现在是纽约人事局最有人缘的介绍顾问,但是,她也曾经是一个让同事们羡慕、忌妒,甚至讨厌的人。原因是,她刚到公司的时候,最喜欢吹嘘自己以前在工作方面的成绩,以及自己的每一个成功的地方。同事们对她的自我吹嘘感到非常讨厌,尽管她所说的都是千真万确的事实。为此,亨莉小姐很是烦恼了一段时间。

最后,亨莉小姐甚至无法在公司里继续工作了,所以,她不得不向成功学大师拿破仑·希尔请教。拿破仑·希尔在听了她的讲述之后,认真地说:"唯一的解决方法,就是隐藏自己的聪明,以及你所有优越的地方。"

拿破仑·希尔继而说道:"他们之所以不喜欢你,仅仅就是因为你比他们更聪明,或者说你常常拿自己的聪明向他们展示。在他们的眼中,你的行为就是故意炫耀自己,他们心里难以接受。"亨莉小姐听后恍然大悟。

她回去后就严格按照拿破仑·希尔的话要求自己,在公司几乎不谈自己的聪明以及那些曾经的成功;相反,她非常认真地倾听公司其他人口若悬河的谈论。很快,公司的同事们就改变了对她的态度。慢慢地,她成了公司最有人缘的人。

### 心灵咖啡屋

不要让别人觉得你比他更聪明,这样,你就能得到更多的朋友,还会减少竞争对手,避免产生与人不必要的争斗。

## 是聪明，还是愚蠢

在名利欲望的驱使下，有些人便会卖弄起自己的小聪明，想方设法地展示自己，甚至不惜损害他人的利益。这种做法，我们是该称之为聪明，还是该称之为愚蠢呢？

有一年，森林生病了，绿叶开始变黄，树皮开始剥落。生活在森林里的动物也跟着遭了殃，它们的窝被暴露了，它们的食物大量减少。面对亘古未有的浩劫，森林里的动物们急得团团转。此时，素有"森林卫士"之称的啄木鸟却不见踪影。动物们紧急商议，决定派夜莺把啄木鸟找回来。

历尽千辛万苦，夜莺终于把啄木鸟请回了这片森林。啄木鸟这边看看，那边瞧瞧，找准目标后着手救治了。不到一个月，啄木鸟完成了救治工作，这片森林开始慢慢恢复了往日的生机。怀着感激的心，动物们载歌载舞颂扬啄木鸟的伟大功绩，并把"妙手回春——啄木鸟"的巨大横幅挂在了森林的显目位置。

可是好景不长，不到半年，森林又开始患病了，而且比上次更严重。无奈之下，动物们只得再次派夜莺去找啄木鸟。

啄木鸟再次飞回森林，先在森林里故作神秘地观察了几天，然后找准目标开始救治。

富有经验的夜莺发现，啄木鸟并没有把害虫彻底清除，而是和上次一样留下了不少后遗症。

救治结束了，在啄木鸟的要求下，动物们又为它举办了盛大空前的歌功颂德晚会，并现场接受专题访谈。

在即将飞出这片森林的时候，夜莺悄悄地问啄木鸟："你为什么不彻底清除危害森林的害虫呢？"

啄木鸟眼睛转了转，说道："如果我把害虫都清除干净了，以后还怎么展示我的看家本领呢？"

### 心灵咖啡屋

只是为了显示自己的本领，就要把害虫留下来，让森林时不时地患病，这种行为看似聪明，实则糊涂。人有时候就像这只啄木鸟，自以为是地卖弄聪明，展示自己，但是却做了最愚蠢的事情。

# "木讷"的威尔逊

不要总以为自己很聪明，却把别人都当作傻子。其实聪明的人比比皆是，只不过大多数聪明人都懂得什么时候该装糊涂。

美国总统威尔逊小时候比较木讷，镇上很多人都喜欢拿他开玩笑，或者戏弄他。一天，他的一个同学一手拿着1美元，一手拿着5美分，问小威尔逊会选择拿哪一个？

威尔逊回答："我要五美分。"

"哈哈，他放着1美元不要，却要5美分。"同伴们哈哈大笑，四处传说着这个笑话。

许多人都不信小威尔逊竟有这么傻，纷纷拿着钱来试，然而屡试不爽，每次小威尔逊都回答："我要5美分。"一时间，整个学校都传遍了这个笑话。每天都有人用同样的方法愚弄他，然后笑呵呵地走开。

终于有一天，他的老师忍不住了，当面询问小威尔逊："难道你连1美元和5美分都分不清大小吗？"

"我当然知道，可是，如果我要了1美元的话，就没人愿意再来试了，我以后就连5美分也赚不到了。"

## 10. 迟钝一点，你的烦恼就少一点

### ☕ 心灵咖啡屋

不要把心思都放在贪图小利的小聪明上。生活中，智慧和聪明就像主人和仆人的关系。主人没有仆人的协助不行，会显得非常笨拙狼狈，缺乏效率。但再聪明的仆人都还是仆人，他不可能是主人。仆人需要主人的方向，没有主人的仆人，等于失去了用处。所以说，我们必须通过实践去把聪明转变成智慧。

## 迟钝一点，错误反而少一点

其实有些时候，迟钝一点，反而能够减少错误的发生。

在一次拓展训练上，主持人问："树上有只苹果，离地10米，谁能想出最笨的方法把它摘下来？"当时队里有个外号叫阿铁的人，是我们喜欢开玩笑的对象，因为他傻乎乎的，没什么心眼，挺憨厚。于是，好事者们叫道："阿铁，这事只有拜托你了！"

阿铁缓缓站起身，不住地挠头，咧嘴呵呵笑。主持人鼓励他："大胆地说，只是个游戏嘛！"阿铁支支吾吾地说："我看哪，这个就是跳起来摘……"大伙儿"轰"地笑歪了，喊道："这算什么笨办法？"阿铁解释："就是嘛，你永远也跳不到10米高，你就是摘不到。"主持人纠正他："问题是我们要把它摘下来。"阿铁抱歉地笑笑："那……我再想想？"终于站起一个聪明人："报告！赶明儿我驾着坦克来，用炮瞄准苹果，一炮保准打下苹果，请大家享用。"第二个聪明人受到启发，跳起来说："啥呀？你那一炮打去苹果就烂了，还享用？需要精准射击——我是狙击手，弄把枪，我离着五公里，通过高倍望远镜，慢慢瞄准苹果梗儿，直到打下它。"又一个人突发奇想："枪啊炮的，都是一介武夫！"大伙听着刺耳，盯住

他，看看有何高论……"我回去搬音响来，对着树，将音量开到最大挡，播放摇滚乐，总有一天能把苹果从树上震下来。"这个方法果然笨到家了，引得大伙一阵乐。就在此时，真正的聪明人出现了："诸位，"他故作高深莫测，"我有一把斧头，"他举起手扬一扬，"砍树。"大伙笑了，轰他下台："别说了，没意思！"他一拍桌子："树倒了！我再拿尺子量——我身高1.7米，所以，我要将树干砍掉8.3米；再将树立起来，那么，苹果离地大约只有1.7米了；然后，我一伸手，脚都不用跂，就能摘到苹果。"这办法果然笨得离奇！大伙儿佩服得五体投地。主持人鼓掌笑道："很好，游戏结束。下面我来讲评——"

这位主持人的话给我留下了很深的印象，他说，"这个世界上，真正愚笨的事情，往往都是由聪明人想出来、干出来的，而像阿铁那样的'笨人'，恰恰不会做出最笨的事。"

### 心灵咖啡屋

这个世界上，没有绝对的聪明和愚笨，那些最笨的事情，往往都是聪明的人做的。做事不妨糊涂一些、笨一些，反而能做出很多聪明的事情。

# 婆媳关系

婆媳关系并非无解，倘若婆媳双方都能适当地装装糊涂，我们看到的将是另一番景象。

陈茜在一次和婆婆发生冲突以后，跑到表妹胡女士家诉苦。当时，胡女士正好有篇稿子要写，无暇陪她。陈茜就和胡女士的婆婆闲聊起来。

陈茜无奈地说，她婆婆不讲卫生，做菜无味，整天唠叨，让人生厌。

胡女士的婆婆打断了她的话："你该向这个'胡'妹妹学学，她不嫌我这

10. 迟钝一点，你的烦恼就少一点

个乡下老太婆，我在这里一住就是 5 年。我炒的菜明明盐放多了，可她还说好吃！前天刚给我 100 元零花钱，今天早上又问我还有没有零钱用。"

胡女士的婆婆一边说，一边呵呵笑起来……

午饭后，胡女士打开洗衣机准备洗衣裳，却找不到早晨刚刚换下的衣服："妈，看见我的衣裳了吗？"

胡女士的婆婆却一拍脑门，笑着说："瞧我这老糊涂，刚才一不留神把你的衣服给洗了。"

陈茜看着表妹婆媳之间融洽的样子，愣了一下神，好像若有所悟地点点头。当晚，陈茜深情地告诉胡女士："以前我总羡慕你有好婆婆，现在终于明白了，你们之间的糊涂可真难得啊！不计较小是小非，什么事都好办了！我以后真得好好向你学习。"

此后，陈茜也当起了"糊涂"媳妇。令人欣慰的是，不久以后，她婆婆也被"传染"了，也跟她一起"糊涂"起来。以后，她们家再也看不见"硝烟"了。

### 心灵咖啡屋

人之相处就在一个"心"字，若能将心比心，相互包容，便能一家安宁。是的，只有真心对待彼此，我们的家才会越过越好。

## 困难面前闭上眼睛

当危险来临之际，倘若你已经无法控制局面，那么不妨静观其变，在"静"中寻求新的转机。

英国登山运动员约瑟攀登过阿尔卑斯山主峰。他所加入的这支野外登山者队伍并无实战经验，在向主峰发起冲锋的时候，遭遇了暴风雪和局部

雪崩。同行的7人中6人遇难，唯有约瑟活了下来。

21年后，约瑟在英国一家登山爱好者协会讲述在冰峰上如何自救时说："伙计们，发生危险时，你们什么也不要做，只要把眼睛闭上就行了。"所有的队员哄堂大笑。

约瑟说："当年7人遭遇暴风雪时，我们一起下撤，当走到半山腰时，雪崩铺天盖地而来，我们无处可逃。我闭上了眼睛，站在原地。我想自己肯定会死，可雪只盖住了我的下半身。但是，我的朋友却全死了。他们并不是被雪埋没的，而是死于缺氧。当雪崩发生时，他们往山下狂奔，他们所带的氧气很快被消耗殆尽。"

### 心灵咖啡屋

在危机出现的时候，人们通常都积极地想去做点什么，可是，通常这种时候，做什么都是无济于事，其实能做的只有一个，那就是：闭上眼睛，等待转机。这个看似"糊涂"的做法在关键时刻却能挽救你的性命。

## 11.
## 所谓心态，拆解开来就是——心大一点

　　心大一点，痛苦就会少一点。人生的痛苦，一半源于外界，一半源于自己。更多的人，不是被外界的厄运打趴下，而是被自己的内心所摧垮。人生的大灾大难没有多少，可计较的人事却满地都是。快乐的人，不是看不见困难，只是不往心里去。

## 放正心态，就能过得轻松

生活中，我们亦常有无法承载之时、过度膨胀之时、不堪重压之时、杞人忧天之时……每每此时，我们若能懂得放下、放空、放平、放心，人生必然会少却很多烦恼。

小和尚刚进庙门，对禅理不甚了了。

秋风起，寺院内枫叶翻飞，小和尚问师父："枫叶如此美丽，为什么会掉落呢？"

师父浅笑："秋一过，冬即来临，枫树无法供给那么多树叶，唯有舍。这不是'放弃'，是'放下'！"

冬季，寒风刺骨，滴水成冰，小和尚见师兄将寺中水缸扣过来，将水放掉，又跑去问师父："干干净净的水，为何要倒掉呢？"

师父笑道："冬天太冷，水结冰以后膨胀，会把缸撑破，所以要将它放掉。这不是'真空'，是'放空'！"

一场鹅毛大雪落下，将几盆龙柏压弯，师父吩咐徒弟们将土盆放倒。小和尚又不解："龙柏本应立着生长，为何要放倒呢？"

师父脸色一凛："你看不到雪已经将柏叶压塌了吗？再压就会断！这样做是为了保护它，等雪过再扶起，这不是'放倒'，是'放平'！"

寒冬腊月，适逢全球金融危机，来上香者乏陈可数，香油钱少了很多。小和尚忐忑不安，跑去问师父如何是好。

"饿到你了，还是冻着你了？"师父面带愠色，"看一看，壁橱里还有多少衣服，柴房里还有多少木头，地窖里还有多少白菜！不要只看没有的，要看看还有的。苦尽自然甘来，你要学会放心，'放心'不是'不用心'，是把心安顿好。"

11. 所谓心态，拆解开来就是——心大一点

春暖花开，姹紫嫣红，香火更胜往年。师父准备外出远游，小和尚追出山门："师父，您这一走，留下我们该怎么办？"

师父笑着挥手："你们能够放下、放空、放平、放心，我又有什么不能放手的呢？"

### 心灵咖啡屋

人生于世，免不了要遭遇一些高低起伏、磕磕绊绊，只有在陷入低谷的时候，懂得适时舍弃，将来我们才能有所获得。

## 放宽心，淡化痛

人活于世，挫折、烦恼在所难免，若是不想让它影响你的心情，最好的方法就是将心放大，淡化它、忽视它。

一次又一次的挫折，令他忍不住向父亲抱怨起来。父亲听完儿子的诉苦，令其取来一碗白开水、一把食盐，并要他将二者搅匀，然后对儿子说道："现在，你来尝一尝这碗水的味道如何。"

他虽不知其意，但还是照做了，喝下一小口盐水，随即便吐了出来："很苦、很涩，根本无法下咽。"

父亲又命其取来一小盆水和一把食盐，依旧搅匀："现在，你再尝一下。"

这次，他没有将水吐出来，而是皱眉咽了下去："虽然还是很咸，但能够忍受。"

父亲笑了笑，带着他来到泉边，将一把盐撒入泉水中："你再尝一尝。"

他依言，又尝了尝泉水的味道："一点咸味也没有，还是那样甘甜。"

父亲笑着拍了拍他的肩膀："人生的挫折与苦痛就如同这些盐，它们有一定的数量，既不会多也不会少，而我们承受痛苦的容积的大小则决定

着痛苦的程度。所以当你感到痛苦的时候,就把你的承受的容积放大些,把心变宽,让心像这眼泉,而不是一碗水。"

一句话令他豁然开朗,心中的阴云就此一扫而光……

### 心灵咖啡屋

苦痛有时候会把一个人击倒,有时候却让一个人依然如故,谈笑风生。区别就在于你能否有宽阔的胸怀去容纳痛苦。如果你能用自己宽阔的心灵之湖去溶解那小小的苦涩,那么苦就不再是苦了。

## 做精神的主人

我们曾想改变这世界上的所有人,而真正需要改变的,正是自己的心态。

有个小和尚为什么事都发愁。他之所以忧虑,是因为觉得自己太瘦了,是因为觉得现在过的生活不够好,是因为担心自己给别人的印象不佳,是因为觉得自己得了胃病,无法继续读经书……

小和尚决定到九华山去旅行,希望换个环境会对自己有所帮助。小和尚上路前,师父交给他一封信,并告诉他,一定要到九华山之后才能打开。

小和尚来到九华山以后,觉得比在自己的寺庙中更难过,因此,他拆开那封信,想看看师父写的到底是什么。

师父在信上写道:"徒儿,你现在离咱们的寺庙三百多里,但你并不觉得有什么不一样,对不对?我知道你不会觉得有什么不同,因为你还带着麻烦的根源,也就是你自己。其实,无论是你的身体还是精神,都没有什么毛病,因为烦恼并不是因为环境使你受到挫折,而是由于你对各种情

11. 所谓心态，拆解开来就是——心大一点

况的想象。总之，一个人心里想什么，他就会成为什么样子，当你了解这点以后，就回来吧。因为那样你就医好了。"

师父的信令小和尚非常生气，他觉得自己需要的是同情，而不是教训。

当时，小和尚一气之下便决定永远不回自己的寺庙了。当晚，经过一座小庙，因为没有别的地方可去，他便进去和一位老和尚攀谈起来。老和尚反复强调："能征服精神的人，强过能攻城略地的人。"

小和尚坐在蒲团上，认真聆听着老和尚的教诲——他的想法竟然与师父不约而同！细细思考之下，小和尚顿时觉得自己愚蠢至极。他曾想改变世界上的所有人，而真正需要改变的，正是自己的心态。

翌日一早，小和尚便收拾行囊回庙去了。当晚，他就平静而愉快地读起了经书。

### 心灵咖啡屋

人心的平静不在于你身在何处，能否从生活中得到快乐，也不在于你身边是什么样的人。只要你能摒弃杂念，以积极健康的心态去面对人生，就一定能够实现自己的心愿。

# 死神一样可以战胜

如果你不想死，就不要想着病魔的可怕；如果你不想被击倒，就将恐惧从心中剔除。

乔治是一位晚期癌症患者，病魔的摧残令他几次想要了结此生。在确诊病情至今不足 2 个月的时间里，乔治的体重由 70 千克降到了不足 50 千克。他仿佛感觉到死神正在一步一步逼近自己。

不久,乔治转入一家医疗设施相对较好的医院,他的主治医师名叫布鲁克,在癌症治疗领域颇具盛名。布鲁克对乔治说道:"医院已经决定成立最好的医疗小组帮助你对抗病魔,我任组长。在院的每一天,我都会把治疗进度详细地告知于你,你随时都可以了解自己的病情。"

布鲁克医生说到做到,乔治的焦躁情绪渐渐得到缓解,他又点燃了与癌症抗争的信念。一个月以后,当乔治看到复查结果时,他简直不敢相信自己的眼睛,癌细胞扩散竟然被控制住了!

"从现在开始,你每天利用一段时间想象自己体内白血球与癌细胞对抗的情形,而且一定要让前者打败后者。"布鲁克医生对乔治说道。

乔治依照布鲁克医生的话去做,半年以后,一个出乎意料又似在意料之中的消息传出——医疗小组成功战胜了癌症,令乔治痛不欲生的病魔被赶跑了!

"如果你不想死,任谁也夺不去你的性命,包括癌症。"布鲁克医生微笑说。

### 心灵咖啡屋

其实,我们完全可以借助心灵的力量来决定自身命运,包括生死。如果你不想失败,任谁也不能将你打倒,包括命运!

## 人生乐在豁达

倘若人人都为未知的悲剧而惶恐、忧郁,那这个世界将不会再有快乐可言。

美国第7任总统安德鲁·杰克逊一向以睿智著称,但即便机敏如他,亦会有犯糊涂之时。

自妻子离世以后,杰克逊便一直忐忑不安——家族中已不止一人死于瘫痪性中风,厄运会不会降临到自己头上呢?一晃数年已过,杰克逊依然

## 11．所谓心态，拆解开来就是——心大一点

神清气爽，但他就是摆脱不了心中的阴影。在杰克逊看来，残酷的死神随时随地都有可能找到自己头上，毫不留情地夺走自己的性命。

有一天，杰克逊总统在朋友家中遇到一位年轻、美丽的小姐，二人话语投机，不久就兴致勃勃地下起棋来。谁知一盘尚未下完，杰克逊便如虚脱一般瘫在座椅上，他的手无力地垂着，脸色异常苍白……

"您这是怎么了？"朋友见状慌忙跑来，急切地拉着杰克逊的手询问道。

"它始终不肯放过我，今天它终究还是来找我了……"杰克逊自言自语，"我知道它一定会来的……"

"您究竟在说什么啊？"朋友不解地摇着他。

"是瘫痪性中风，我的右侧身体已经瘫痪，刚刚我试着在右腿上捏了几下，竟然毫无知觉。"

"可是总统先生，"年轻小姐开口说道，"刚刚您捏的是我的腿啊！"

读到这里，不禁令人想起了一个成语"杞人忧天"。据说很久以前在杞国，有一个人胆子非常小，而且略有些神经质。他时常会产生一些奇怪的想法，令人啼笑皆非。某一日，该人吃过晚饭后，手持一把大蒲扇，在院子中乘凉。他望着璀璨的星空，突然担忧起来："如果有一天天塌下来该怎么办？我们岂不是无路可逃，到时一定会被活活压死的！"

从此，他每天都要为这个问题而忧虑，朋友见他终日精神恍惚，脸色憔悴，非常担心，于是纷纷跑来劝他："老兄啊！你何必为这件事自寻烦恼呢？天怎么会塌下来呢？再说即使真的塌下来，那也不是你忧愁就可以解决的啊，还是想开点吧！"可是无论人家怎样说，他就是无法摆脱这种无谓的忧虑。

### ☕ 心灵咖啡屋

即便厄运会在明天降临，我们也没有必要在今天为它"埋单"。对于那些无法认知、无法解决的问题，我们何必杞人忧天，进而无力自拔。须知，人生乐在豁达。

95

## 不要自己吓自己

阻碍你前进的并非是外力,而是你的心态;绊倒你的并不是障碍,而是你自己。唯有放平心态,解开绳索,你才能破浪而去,扬帆远航……

最近一段时间,这位渔民的运气特别好,几乎每天都能满载而归。同样是 3 个月的时间,别人也就收入了两三千块钱,而他却已经近万。所以生日这天,他决定在他的船上大宴宾客。

由于来客都是相熟的好朋友,渔民便毫无顾虑地大喝起来。宴会结束时,他已经醉眼蒙眬。等到大伙都散了,渔民便开始晃晃悠悠地收拾残局,然后就费力地摇桨准备回家。可是划了半天他发现自己还没有到对岸,小船甚至连动都没动。

他的醉意一下子醒了一半:"天哪,难道……难道我遇上鬼了?"这样一想,渔民拔腿就往岸上跑,但刚跑上岸,他就被某样东西绊了一个趔趄,头也重重磕在了某物上,再之后他就什么都不知道了。

醒来时,他的酒劲儿早已过去,他惊讶地发现自己竟躺在平时捕鱼的河边,而且头上还隐隐作痛,好像有一个大包。经过仔细回忆,渔民想起了昨晚的事情。

"可是,船怎么会不动呢?"他奇怪地向脚下看去,顿时恍然大悟。原来昨夜他醉得厉害,根本没有解开缆绳。绊倒他的,自然是缆绳;而磕到他的,当然是拴绳的石礅了。

### 心灵咖啡屋

有些人总是喜欢自己吓自己,原本微不足道的小事,在他们看来却"石破天惊",如此一来,在漫长的一生中,不知要有多少"缆绳"困扰着我们,而我们要做的就是斩断它!

# 12.
## 如果爱，请深爱；不能爱，请离开

爱一个人，不是一辈子的事；爱一个人，是一个阶段的事。有些人，有些事，错过一时，就是一世……所以，如果爱，请深爱；不能爱，还请潇洒地离开。

## 这便是爱

真正相爱的人未必要在一起，只要心里最惦念的是彼此……

她刚从国外回来，与丈夫一块儿回来度假。回家的感觉真的很好，可惜心中总有那么一丝疼痛。事情虽然过去两年了，虽然是一千一万个不愿意，她还是去找了负心的他。

"在国外习惯吗？""还好。你呢？""哦……也还好。"淡淡地两个人都不知道怎么开口了。

他是她的前夫，相爱的日子，波澜不惊，却十分温馨。两人是大学的同学，毕业就结婚了，没有特别的成就，无忧无虑。日子一天天地过去，当两个人都以为生活就这样不会有什么改变的时候，一件事情发生了。

他被查出患有绝症，一下子好像什么都改变了。他停止了工作，住院治疗。她一下子变成了家里的顶梁柱，兼了好几份工作，陀螺似的旋转，每天还得去医院照顾他。

就在她拼命赚钱为他治病的时候，医院里却传出了他的"桃色新闻"。他与一位同病相怜的女病人好上了。这怎么可能呢？结婚这么多年，喜欢他的人一直都不少，可他从未做过对不起她的事，现在更是不可能的。

然而，那个女病人还和自己的丈夫离了婚，而他也向她提出了离婚……事后，她接受了公司的派遣，去了国外分公司工作。

"这是送给你太太的？"她指了指他手上的一束百合。

他点了点头："她喜欢百合。"脸上流露出幸福的微笑。

12. 如果爱，请深爱；不能爱，请离开

她的心突然感到一阵刺痛。那句在心里憋了两年的话就从她嘴里冲了出来："知道当初我为什么同意和你离婚吗？因为那个故事——你住院的时候跟我讲过的，从前有两位母亲争一个孩子，县官让她们抢，孩子被拉得痛哭起来，亲生的母亲心一软，便放弃了……"

他迎着她的直视目光，两个人的眼角都有泪光在闪动……

送走了她，他捧着百合独自去墓地看望另一个女人——那个被她称作他"太太"的、喜欢百合的女人。

两年来，他很少出门，头上的头发也掉光了。"我的日子不多了，我的朋友，今天可能是我最后一次来看你了，谢谢你当初对我讲的那个故事……"他对墓中的女人喃喃自语。

那个故事其实是他进医院后不久，这个女人讲给他听的。当时他们都知道自己患了绝症，女人不想拖累她深爱的丈夫，他不想拖累深爱的妻子，于是，他们决定先放手……

### 心灵咖啡屋

真正的爱不是占有，而是能让对方快乐。在该放手的时候选择放手，也许就是对对方爱的最好诠释。这种看似糊涂的包容和奉献，胜过世界上任何东西。

## 每天拥抱一分钟

人们常常以"平淡是真"来掩饰激情过后的麻木与冷淡，却不知道，倘若我们能像经营事业一样去经营爱情，婚姻就不会沉寂得如一潭死水。

妻子诞下麟儿以后，原本的甜蜜便日渐淡化。他们白天要工作，晚上又要照顾孩子，忙得不可开交，渐渐地，话越来越少。

敏感是女人的天性，她首先意识到了二人间潜伏的危机，于是，她对丈夫撒娇："我有一个要求。"

"要求，是什么呢？"丈夫有些好奇。

"每天抱我一分钟。"

丈夫看了她一眼，坏笑："老夫老妻，有这必要吗？"

"我既然提出这个要求，就证明它是有必要的；你做出这样的回答，就证明它更有必要。"

"情在心中，何必露骨地表达呢？"

"假若当初你不表达，会娶到我吗？"

"怎能相提并论？当初是当初，现在我们不是爱得更深沉了吗？"

"不表达未必就是深沉，表达未必就是做作。"

二人互不相让，不久便吵了起来。最后，为了平息这场"战争"，男人首先做出妥协。他走到床边，将妻子抱在怀中，笑道："你这个虚荣的女人。"

"在爱情面前，每个女人都是很虚荣的。"她说。

此后，无论多忙，他每天都会抱她一分钟。慢慢地，二人的关系发出了新芽，他们心中弥漫着一种新的和谐。即使常常相拥无语，但此时的沉默与彼时的沉默，在情境与意味上，显然有着天壤之别。

那一日，女人要去南方出差，临上飞机时，她对他说："这段时间，你可以解脱了。"

他赧然一笑，露出大男孩的神情："我会想你的。"

果然，她刚刚走出机场，就接到了丈夫的电话。一瞬间，她心中荡起了阵阵暖流……

### 心灵咖啡屋

纵使工作再忙、生活再琐碎，也要暂时将其放下，每天给爱人一分钟的拥抱，定然会别有一番滋味上心头。

## 前世今生

命运把握在自己手中，没必要在乎得与失、拥有与放弃、热恋与分离。失恋之后，如果能把诅咒与怨恨都放下，就会懂得真正的爱。

从前有个书生，和未婚妻约定在某年某月某日结婚。然而到了那一天，未婚妻却嫁给了别人。书生大受打击，从此一病不起。家人用尽各种办法都无能为力，眼看书生即将不久于人世。这时，一位游方僧人路过此地，得知情况以后，遂决定点化一下他。其实，这位僧人就是佛祖，佛祖来到书生床前，从怀中摸出一面镜子叫书生看。

镜中是这样一幅景象：茫茫大海边，一名遇害女子一丝不挂地躺在海滩上。有一人路过，只是看了一眼，摇摇头，便走了……又一人路过，将外衣脱下，盖在女尸身上，也走了……第三人路过，他走上前去，挖了个坑，小心翼翼地将尸体掩埋了……疑惑间，画面切换，书生看到自己的未婚妻——洞房花烛夜，她正被丈夫掀起盖头……书生不明所以。

佛祖解释道："那具海滩上的女尸就是你未婚妻的前世。你是第二个路过的人，曾给过她一件衣服。她今生和你相恋，只为还你一个情。但是她最终要报答一生一世的人，是最后那个把她掩埋的人，那人就是她现在的丈夫。"

书生大悟，瞬息从床上坐起，病愈！

### 心灵咖啡屋

缘分这东西冥冥中自有注定，不要执着于此，进而伤害自己。但无论什么时候，我们都不要绝望，不要放弃自己对真、善、美的爱情追求。

## 缘分

只一个"缘"字，便让世间多少男女为之如痴如狂。但有些残酷的是，有时有"缘"却未必有"分"，这种情况最断人魂。

从前，有一座圆音寺，每天都有许多人上香拜佛，香火很旺。在圆音寺庙前的横梁上有只蜘蛛结了张网，由于每天都受到香火和虔诚的祭拜的熏陶，蜘蛛便有了佛性。经过了一千多年的修炼，蜘蛛佛性增加了不少。

忽然有一天，佛主光临了圆音寺，看见这里香火甚旺，十分高兴，离开寺庙的时候，不经意间抬头看见了横梁上的蜘蛛。佛主停下来，问这只蜘蛛："你我相见总算是有缘，我来问你个问题，看你修炼了这一千多年来，有什么真知灼见。怎么样？"蜘蛛遇见佛主很是高兴，连忙答应了。佛主问道："世间什么才是最珍贵的？"蜘蛛想起了自己很喜欢，却被风吹走的一颗露珠，回答道："世间最珍贵的是'得不到'和'已失去'。"

佛主说："好，既然你有这样的认识，我让你到人间走一遭吧。"

就这样，蜘蛛投胎到了一个官宦家庭，成了一个富家小姐。父母为她取了个名字叫蛛儿。一晃，蛛儿16岁了，已经成了个婀娜多姿的少女，长得十分漂亮，楚楚动人。

这一日，新科状元郎甘鹿中第，皇帝决定在后花园为他举行庆功宴席。来了许多妙龄少女，包括蛛儿，还有皇帝的小公主长风公主。状元郎在席间表演诗词歌赋，大献才艺，在场的少女无一不为他倾倒。但蛛儿一点也不紧张和吃醋，因为她知道，这是佛主赐予她的姻缘。过了些日子，说来很巧，蛛儿陪同母亲上香拜佛的时候，正好甘鹿也陪同母亲而来。上完香拜过佛，二位长者在一边说上了话。蛛儿和甘鹿便来到走廊上聊天，蛛儿很开心，终于可以和喜欢的人在一起了，但是甘鹿并没有表现出对她的喜爱。蛛儿对甘鹿说:"你难道不曾记得16年前,圆音寺的蜘蛛网上的事情了吗?"甘鹿很诧异,说:"蛛儿姑娘,你漂亮,也很讨人喜欢,但你想象力未免丰富了一点吧。"说罢,和母亲离开了。

蛛儿回到家,心想:"佛主既然安排了这场姻缘,为何不让他记得那件事?甘鹿为何对我没有一点感觉?"

几天后,皇帝下诏,命新科状元甘鹿和长风公主完婚;蛛儿和太子芝草完婚。这一消息对蛛儿如同晴空霹雳,她怎么也想不通,佛主竟然这样对她。几日来,她不吃不喝,穷究急思,灵魂就将出壳,生命危在旦夕。太子芝草知道了,急忙赶来,扑倒在床边,对奄奄一息的蛛儿说道:"那日,在后花园众姑娘中,我对你一见钟情。我苦求父皇,他才答应。如果你死了,那么我也就不活了。"说着就拿起了宝剑准备自刎。

就在这时,佛主来了,他对快要出壳的蛛儿灵魂说:"蜘蛛,你可曾想过,甘露(甘鹿)是由谁带到你这里来的呢?是风(长风公主)带来的,最后也是风将它带走的。甘鹿是属于长风公主的,他对你不过是生命中的一段插曲。而太子芝草是当年圆音寺门前的一棵小草,它看了你三千年,爱慕了你三千年,但你却从没有低下头看过它。蜘蛛,我再来问你,世间什么才是最珍贵的?"蜘蛛听了这些真相之后,好像一下子大彻大悟了,她对佛主说:"世间最珍贵的不是'得不到'和'已失去',而是现在能把握的幸福。"刚说完,佛主就离开了。蛛儿的灵魂也回位了,睁开眼睛,看到正要自刎的太子芝草,她马上打落宝剑,和太子紧紧地抱在一起……

### ☕ 心灵咖啡屋

人与人的缘分,如浮云、如浮萍,时而聚合,时而分离。分分离离、聚聚合合,谁能主宰?有些人看得开、放得下,遂而听天由命,一切随缘,失去了有缘无分的爱情,得到的却是寻找归宿的机会。

## 爱如风

　　爱情面前，不要轻易说放弃，但放弃了，就不要再介怀。经不起考验的爱情是不深刻的。

　　纪献凯和晏飞飞是华南某名牌大学的高材生。他们俩既是同班同学，又是同乡，所以很自然地成了形影不离的一对恋人。

　　一天纪献凯对晏飞飞说："你像仲夏夜的月亮，照耀着我梦幻般的诗意，使我有如置身天堂。"晏飞飞也满怀深情地说："你像春天里的阳光，催生了我蛰伏的激情。我仿佛重获新生。"两个坠入爱河的青年人就这样沉浸在爱的海洋中，并约定等纪献凯拿到博士学位就结成秦晋之好。

　　半年后，纪献凯负笈远洋到国外深造。多少个异乡的夜晚，他怀着尚未启封的爱情，像守着等待破土的新绿。他虔诚地苦读，并以对爱的期待时时激励着自己的锐志。几年后，纪献凯终于以优异的成绩获得博士学位，处于兴奋状态的他并未感到信中的晏飞飞有些许变化。学业期满，他恨不得身长翅膀脚生云，立刻就飞到晏飞飞身边。然而他哪里知道，昔日的女友早已和别人搭上了爱的航班。纪献凯找到晏飞飞后质问她，晏飞飞却真诚地说："我对你已无往日的情感了，难道必须延续这无望的情缘吗？如果非要延续的话，你我只能更痛苦。"纪献凯只好退到别人的爱情背面，默默地舔舐着自己不见刀痕的伤口。

### 心灵咖啡屋

　　爱情中，聚聚散散、离离合合是一个很正常的事，一如四季交替，阴晴雨雪。一段爱情，未必就是一个完整的故事，故事发生了也未必就会是一个完美的结局。对于爱情，我们不要将它视为不变的约定，曾经的海誓山盟谁又能保证它不会成为昔日的风景？

## 13. 不要太在乎一些人，越在乎，越卑微

如果爱是种付出，被爱是种得到，那么相爱就是一种等价交换。其实在感情世界里，这是一种能量守恒定律。你付出多而一无所获，就会伤身伤心；而付出少得到多，则对方会枯萎。爱是一种元气，流失多少就要补充多少，否则就不是相爱……所以，保护好你的元气，不要为不值得爱的人损伤自己。

## 请不要为谁哭泣

情尽时，自有另一番新境界，所有的悲哀也不过是历史。情尽时，转个弯你还能飞，别为谁彻底折断了羽翼。

是不是每一份感情都值得你为之哭泣？是不是曾经在一起的每一个人都值得你去留恋？佛说："不！"

有个女孩失恋了，哭哭啼啼去见佛。

佛问她："孩子，你哭什么？"

女孩说："我失恋了，他爱上了别人！"

佛问："那你爱他吗？"

女孩说："爱，非常爱！"

佛又问："那他爱你吗？"

女孩很无奈："现在不爱了……"

佛说："那么，该哭的人是他，因为他失去了一个爱他的人，而你，不过失去了一个不爱你的人！"

### 心灵咖啡屋

倘若有一天，他不再爱你，该怎么办？请不要为他哭泣，因为你不过是失去了一个不再爱你的人。放下心中的纠结你会发现，原本我们以为不可失去的人，其实并不是不可失去。你今天流干了眼泪，明天自会有人来逗你欢笑。

## 何必坚持

人生之中有很多错误，恰恰是因为放弃了不该放弃的，却坚持了不该坚持的。

有一个女孩，一向保守，但由于一时冲动，和男朋友有了婚前性行为。之后，她恼怒、悔恨，却也安慰自己："没关系，他是爱我的！"

后来，男友对她实在是不好，她天天找人诉苦，却又不离开他。妹妹劝她："别再傻了，快些离开他吧！别再和自己过不去。"

现在，她仍和她的男朋友在一起，偶尔流着眼泪诉苦，偶尔安慰自己："他总会知道我是真心对他好的！"也许，女孩想要的只是自我安慰而已。她很会劝别人分手，最会讲的便是："别傻了，快离开那个男人，别再白白受苦。"这么会劝别人的人，最后却劝不了自己，终究也只能令自己受苦。

### 心灵咖啡屋

人生最怕失去的不是已经拥有的东西，而是失去对未来的希望。爱情如果只是一个过程，那么失恋正是人生应当经历的，如果要承担结果，谁也不愿意把悲痛留给自己。记住，下一个他更适合你。

## 谁的损失

有些事，有些人，或许只能够作为回忆，永远不能够成为将来！感情的事该放下就放下，你要不停地告诉自己——离开你，是他的损失！

陈海飞一直困扰在一段剪不断、理还乱的感情里出不来。

她一个人走在春日的阳光下，空气中到处是春天的味道，有柳树的清香，小草的芬芳。陈海飞想："世界如此美好，可是我却失恋了。"这时，那一种刺痛突然在心底弥漫。陈海飞有种想流泪的感觉，她仰起头，不让泪水夺眶。

走累了，陈海飞坐在街心花园的长椅上。旁边有一对母女，小女孩眼睛大大的，小脸红扑扑的。她们的对话吸引了妹妹。

"妈妈，你说友情重要还是半块橡皮重要。"

"当然是友情重要了。"

"那为什么乐乐为了想要妞妞的半块橡皮，就答应她以后不再和我做好朋友了呢？"

"哦，是这样啊。难怪你最近不高兴。孩子，你应该这样想，如果她是真心和你做朋友就不会为任何东西放弃友谊，如果她会轻易放弃友谊，那这种友情也就没有什么值得珍惜的了。"母亲轻轻地说。

"孩子，知道什么样的花能引来蜜蜂和蝴蝶吗。"

"知道，是很美丽很香的花。"

"对了，人也一样，你只要加强自身的修养，又博学多才。当你像一朵很美的花时，就会吸引到很多人和你做朋友。所以，放弃你是她的损失，不是你的。"

"是啊，为了升职放弃的爱情也没有什么值得留恋的。如果我是美丽的花，放弃我是他的损失。"陈海飞的心情突然开朗起来了。

### 心灵咖啡屋

当一段爱情画上句号，不要因为彼此习惯而离不开，抬头看看，云彩依然那般美丽，生活依旧那般美好。其实，除了爱情，还有很多东西值得我们为之奋斗。

## 下一个他会更好

爱情不是一次性的物品，用完了就不能再用。那段逝去的感情或许只是宿命中的一段插曲，那个不再爱你的人应该只是宿命中的过客而已。

郑艳雪在花龄之际爱上了一个帅气的男孩，然而对方不像郑艳雪爱他那样爱她。不过，那时的郑艳雪对爱情充满了幻想，她认为只要自己爱他就足够了，自己只要有爱，只要能和自己爱的人在一起，这一辈子就是幸福的。于是，情窦初开的郑艳雪不顾闺密劝说，毅然决然地嫁给了那个男孩。然而，婚后的生活与郑艳雪对于爱情的憧憬完全是两个样子，从结婚那天起，郑艳雪的幸福就告一段落。她的丈夫爱喝酒，只要喝醉了就对她拳脚相加，即便是在外边惹了事，回到家中也要拿她来撒气。2年以后，郑艳雪产下一女，丈夫对她的态度更不如前，就连婆婆也对她骂不绝口，说她断了自家的香火。

后来，她丈夫又勾搭上了别的女人，终日里吵着要离婚。最终郑艳雪忍受不了屈辱，签下离婚协议书，带着不足3岁的女儿远走他乡。

时已年近三十的郑艳雪虽然被无情的岁月、困难的命运褪去了昔日的光鲜，却增添了几分成熟女人的韵味，依旧展现着女人最娇艳的美丽。于是，便有媒人上门提亲，据说对方是个过日子的男人，就因为当年成分不好耽搁了终身大事，改革开放后靠手艺吃饭。郑艳雪因为想给女儿一个完整的家，所以当时并没有考虑对方是不是自己爱的人，没有多问就嫁给了那个叫孙立佳的男人。

过门以后郑艳雪才发现，那个男人长得又黑又丑，满口黄牙，而且他的所谓手艺也只是顶风冒雨地修鞋而已。见到孙立佳的那一刻，别说爱上他了，郑艳雪心中甚至有一种上当受骗的感觉，但是她知道，自己已经没

有任何退路了。

然而，就是这样一个不起眼的丑男人，却让她深切体会到了男女之间真正的爱情。

结婚之后，孙立佳很是宠她，不时给她买些小玩意儿：一个发夹、一支眉笔……有一次，甚至还给她带回了几个芒果。在以往近30年的岁月中，郑艳雪从来没有用过这些东西，更不用说吃芒果了。

在吃芒果的时候，孙立佳只是傻傻地看着她，自己却不吃。郑艳雪让他："你也吃。"他却皱眉："我不爱吃那东西，看你喜欢吃我就高兴。"后来，郑艳雪在街上看到卖芒果的，过去一问才知道，芒果竟要二十几元一斤，她的眼睛瞬间红了起来。

那么香甜可口的东西他怎么可能不爱吃？他是舍不得吃呀，是为了让她多吃一些啊！

### 心灵咖啡屋

上天对每个人都是公平的，它为你安排了一段不完美的爱情，或许只是为了了结前世的孽缘。而真正爱你的人一定会在不远处等着你，只要你不放弃。

## 14.
## 爱情就像攥在手里的沙子，攥得越紧，流失得越快

真正的爱情，应该是两个人，彼此理解，互相尊重，不缠绕，不牵绊，不占有，然后相伴，走过一段漫长的旅程。如果你抓得太紧，那么爱情就会慢慢流失。

## 只要现在是我的

拥有美好的事物时，就要好好地珍惜它，使它永远成为自己的一份实在，一份瑰丽。

9岁的孩子与妈妈玩耍。

小男孩翻着爸爸的相册，赫然出现一个面容姣好、身材漂亮、充满青春活力的妙龄少女，使人眼睛一亮。

"妈妈，这个大姑娘是爸爸以前的女朋友。"孩子歪着头逗妈妈，"这是爸爸说的。妈妈，你气不气？"

"有什么气的？都是过去的事了，只要你爸现在是我的。小孩子别瞎说。"已经发福的妈妈脸上洋溢着幸福的笑，老公确实对她很不错，人有本事，又老实，在单位人缘、名声极佳，她真够幸福！

"只要现在是我的！"她能够真诚地理解丈夫的过去，并在现实中奉献全部的爱心来关心和照顾丈夫。她从不对丈夫斤斤计较、耿耿于怀，如此豁达的心胸怎能不令全家相处安然，甜蜜幸福呢？

### 心灵咖啡屋

能够满足于"只要现在是我的"，才能珍惜你所梦寐以求的东西，才会呵护、努力保持并使这一美梦持续和升华。可是世人却都太过于相信自己的能耐，得陇望蜀，永不知足。

## 天在下雨

爱的要义是信任，若如此，不论何等风浪，爱的小巢亦会坚如磐石，安然无恙。

小说《天在下雨》中讲述了这样一个故事：

## 14．爱情就像攥在手里的沙子，攥得越紧，流失得越快

　　丈夫赵山深深地爱着他漂亮的妻子梁晴，他像一位老大哥似的整日看护着妻子，从走路姿势到头发式样，从一言一行到一举一动，从口红的浓淡到穿裤子还是裙子，可以说，他把满腔的爱都恨不得全部倾倒在妻子身上。对于他这种"老大哥"式的爱，他的妻子梁晴腻烦透了，她渴望冲出丈夫精心织下的爱网，自己独立到外面闯一闯。于是，经朋友介绍，她进了一个剧组，她认真的工作态度和高效率的工作赢得导演的好评。

　　有一次，天下起雨，下班后梁晴发现自己忘了带雨伞，她正准备冒雨回家时，导演关心地说："小梁，我用摩托车送你回家吧。"梁晴点点头，答应了。

　　就在导演带着梁晴冲出剧组大院时，迎面赵山骑着自行车给梁晴送伞。由于雨很大，坐在导演身后的梁晴没有发现丈夫赵山的身影，摩托车喷出一股黑烟，一溜烟地冲进了雨幕。赵山手里拿着雨伞，痴呆呆地望着两人远去的背影。于是，赵山便断定妻子梁晴和导演有染，一怒之下，请了长假，去广州度假。

　　赵山走后，梁晴竟然意外地发现自己怀孕了。做母亲的喜悦使她忘记了和丈夫之间的不快，她欣喜若狂地打电话告诉了丈夫。谁知，一盆冷水浇灭了她的喜悦，话筒那头传来丈夫冷冷的声音，冷得让人浑身打战，仿佛那是从地狱中吹来的阴风。

　　"我不想要一个别人的孩子，你应该把这个好消息告诉你的导演。"说完，"啪"的一声，电话挂断了。丈夫的无情和多疑反而使梁晴生下孩子的决心更加坚定了。十月怀胎，一朝分娩。孩子那圆乎乎的大眼睛和上翘的小鼻子活脱脱是赵山的再版。事实不说即明，孩子无疑是他的亲骨肉。

　　赵山后悔了，他用了各种办法想挽回他的过失，唤回妻子的爱，但是，妻子梁晴那颗冰冷的心再也无法暖和过来。他们只好分手了。

### 心灵咖啡屋

　　感情的世界里，谁猜疑，谁就犯了大忌。人之相知，贵在知心。夫妻间需要的就是那份心心相印，不猜不疑。

## 把权力还给她

当矛盾产生时，若能放下固守的观点，彼此各让一步，将她的权力还给她，也就不存在什么问题了。

一个年轻人抱怨妻子近来变得忧郁、沮丧，常为一些鸡毛蒜皮的事对他嚷嚷，并开始骂孩子，这都是以前不曾发生的。他无可奈何，开始找借口躲在办公室，不想回家。

这天，他磨磨蹭蹭地往家中走着，偶然遇到一位智者。眼见他一脸的沮丧，智者便关心地问他为何如此。

青年回答："是为了装饰房间和妻子发生了争吵。"接着他又说道，"我爱好艺术，远比妻子更懂得色彩，我们为了各个房间的颜色大吵了一场，特别是卧室的颜色。我想漆这种颜色，她却想漆另一种颜色，我不肯让步，因为她对颜色的判断能力不强。"

智者问："如果她把你的办公室重新布置一遍，并且说原来的布置不好，你会怎么想呢？"

"我绝不能容忍这样的事！"青年答道。

于是，智者解释："你的办公室是你的权力范围，而家庭以及家里的东西则是你妻子的权力范围。如果按照你的想法去布置她的厨房，那她就会有你刚才的感觉，好像受到侵犯似的。当然，在住房布置问题上，最好双方能意见一致，但是，如果要商量，妻子应该有否决权。"

青年人恍然大悟，回家对妻子说："你喜欢怎么布置房间就怎么布置吧，这是你的权力，随你的便吧！"

妻子大为吃惊，几乎不敢相信自己的耳朵。青年人道出了智者的话，妻子非常感动，二人从此言归于好。

### 心灵咖啡屋

琴棋书画诗酒花，当年样样不离它；而今七事都更变，柴米油盐酱醋

14．爱情就像攥在手里的沙子，攥得越紧，流失得越快

茶。爱情不能一世的缠绵，婚姻生活本就这样烦琐，不要计较太多，否则会烦恼很多。

# 有一种爱叫作放手

爱情与人一样，需要起码的空间、氧气作为生存条件。将爱紧紧攥在手心里，另一方必然会感到压力十足，会感到难以喘息，这只会逼迫他去逃离……

斌和雨是大学同学，二人相恋3年，最后携手走进了婚姻的殿堂。婚后的生活开始很幸福，雨就像影子一样，一直追随在斌的身旁。她曾幸福地说："我要做他的影子，只要他需要我，随时就能找到我。"

然而出人意料的是，他们竟离婚了！斌告诉朋友："其实我们彼此还深爱着对方，但是这份爱让我太过疲惫，我只能选择放手。"

当朋友问及缘由时，斌回答："男人需要应酬，或多或少都要喝点酒，可是她反对，于是我就戒酒。在她面前，只要是不突破底线的事情，我从不坚持。我知道她这是为我好，我应该给予她相应的尊重，久而久之这便成了她的一种习惯，她一直左右着我的生活。或许在她看来，唯有如此才能说明她在我心中的重要。"

"于是你厌烦了，想要摆脱？"朋友问道。

"不，若是如此我们根本不可能将婚姻维持到今天。而且，这种情况下我该感到解脱才对，可为什么心中还会隐隐作痛呢？"

原来，婚后不久斌去了一家外资企业，而雨去了政府部门，工作强度相去甚远，斌为了赶任务经常需要加班，而雨一直很清闲。最初，雨只是抱怨，抱怨斌没有时间陪她。时间久了，这种抱怨逐渐升级为猜忌。他加班回家晚，她就等着他，他不回来她绝不睡觉。他回来以后，她就趁着他洗澡的间隙去翻他的口袋、嗅他的衬衣、翻看他的手机……看看能否从中找到一些证据。他上班时，她每天都要打几个电话"关心"一下，却从不顾及他的感

受。再后来，她甚至会因为朋友间的一个玩笑信息，追着他盘问半天。

时间久了，他累了，她也累了，生活、事业重重压力之下他实在疲于花费精力去解释，既然两个人在一起猜忌多过于开心，不如暂时分开让彼此冷静一下。一段时间以后，他找到她，希望两个人能够重新开始，重新找回以往的甜蜜、温馨与信任。但是，她拒绝了，她之所以拒绝不是因为不爱，而是因为无法面对，她无法面对他，更无法面对自己，她不知自己被什么迷了心窍，竟去无端猜忌一个如此深爱自己的男人。是她害得他离开，是她害得自己疲惫不堪，她不知该如何去面对这一切，所以只能选择从他的世界中消失……

### 心灵咖啡屋

给予爱适当的空间，松开你紧紧攥着的手，你会发现生活原来如此轻松、如此惬意。给予爱一个自由呼吸、自由舒展的空间，你会发现爱情之花开得更加娇艳。

# 别为琐事影响感情

婚姻确实离不开琐事的牵绊，但无论如何，也不要为了那些琐事影响彼此间的感情。

"老公！快来！快来呀！"妻子在洗澡间着急地大声叫着。

丈夫快步赶到洗澡间门口关心地问："咋啦？不是煤气管破了吧？"

妻子打开门探出个湿淋淋的脑袋说："我的耳环掉了！我听见'叮'的一声，可怎么也找不到了！"

夫妻俩趴在洗澡间的地上、四只眼睛像扫瞄一样扫了几遍，连个耳环的影子也没找着。

躺在床上，妻子取下没掉的那只金耳环托在手上说："真是可惜了，这可是你送给我的定情礼物呢！你不知道它在我心中的分量！唉，现在耳

14．爱情就像攥在手里的沙子，攥得越紧，流失得越快

环只剩下一只了，是不是老天在预示我俩会分离呢？"

丈夫伸手搂紧妻子说："胡说些啥呀？不就是只耳环吗？既然你把它已经当作一份情埋在了心里，一只和两只又有何区别呢？大不了我再去给你买一对！别再杞人忧天了啊！"

这一夜妻子老往丈夫怀里拱，生怕他会消失似的，断断续续地做了几个梦。

第二天一早，丈夫还在睡觉，妻子又在洗澡间大叫了起来："老公！快来！快来呀！"

丈夫一翻身下了床，刚要往外走，妻子一下子扑进了他的怀里紧紧地搂着他呜呜地哭了起来。丈夫捧起她的脸问："是不是把那一只也弄丢了呀？"

妻子使劲摇了摇头突然伸出手说："你看，金耳环找到了！不信我去把那只也拿给你看！"

妻子麻利地从枕头底下拿出另一只金耳环托在手中递到了丈夫的面前说："你看不骗你吧？怪事昨晚那样找都找不到，今早我一进去就发现它在便池边闪闪发光。我不戴了，我把它包起来放好！"

丈夫拿起耳环温柔地给妻子戴上后拍着她的脸说："是你的终究还是你的，不是你的再着急上火也没有用。"

妻子一把搂住丈夫娇嗔地说："嗯，你昨晚要是骂我一顿我准会伤心一辈子的！"

☕ 心灵咖啡屋

夫妻之间容忍和宽容是相处的良方。在发生了意外的时候，如果能够彼此宽慰，给对方支持和鼓励，是能够达成夫妻默契的最好方法。

# 爱的极致是宽容

试着去宽容这样或那样的错误吧！那时，你会感到花是因你而开，月是为你而圆。

一个女人有了外遇，要和丈夫离婚。丈夫不同意，女人便整天吵吵闹闹。无奈之下，丈夫只好答应妻子的要求。不过，离婚前，他想见见妻子的男朋友。妻子满口应承，第二天一大早，便把一个高大英俊的男人带回家来。

　　女人本以为丈夫一见到自己的男朋友必定会气势汹汹地讨伐。可丈夫没有，他很有风度地和男人握了握手。之后，他说他很想和她男朋友交谈一下，希望妻子回避一会儿。女人遵从了丈夫的建议。站在门外，女人心里七上八下，怕两个男人在屋内打起来。事实证明，她的担心完全是多余的。几分钟后，两个男人相安无事地走了出来。

　　送男友回家的路上，女人禁不住询问："我丈夫和你谈了些什么，是不是说我的坏话？"男友一听，止住了脚步，他惋惜地摇了摇头说："你太不了解你丈夫了，就像我不了解你一样！"女人听完，连忙申辩道："我怎么不了解他，他木讷，缺乏情趣，家庭保姆似的简直不像个男人。"

　　"你既然这么了解他，你应该知道他跟我说了些什么。"

　　"他说你心脏不好，但易暴易怒，叫我结婚后凡事顺着你；他说你胃不好，但又喜欢吃辣椒，叮嘱我今后劝你少吃一点辣椒。"

　　"就这些？"女人有些惊讶。

　　"就这些，没别的。"

　　听完，女人慢慢低下头来。男友走上前，抚摸着女人的头发，语重心长地说："你丈夫是个好男人，他比我心胸开阔。回去吧，他才是真正值得你依恋的人，他比我和其他男人更懂得怎样爱你。"

　　说完，男友转过身，毅然离去。

　　这次风波后，女人再也没提过离婚二字，因为她已经明白，她拥有的这份爱，就是最好的那份。

### 心灵咖啡屋

　　无论婚姻处于何种状态，都要始终记住，宽容是挽救夫妻关系的良药。如果你想让你的爱始终保持下去，那么你就必须学会宽容。

## 15. 发脾气是因为你把自己看得太大

大发脾气，且不说伤害他人，对自己而言又何尝不是品尝苦果。发脾气的根源，是自我膨胀，是自以为是，是自以为了不起，一句话，是把自己看得太大了，用佛家的话说，就是我慢，就是我执。

## 了无一物，何气之有

把生活中不如意的一些小事看得淡一点，并能在静观中有所收益，悟得生活中的种种禅机，我们就不会活得太累，活得不开心。

一位老妇人脾气十分怪僻，经常为一些无关紧要的小事大发雷霆，而且生气的时候说话很刻薄，常常无意中伤害了很多人。因此，她与周围的人都相处得不太和谐。她也很清楚自己的脾气不好，也很想改，可是火气上来时，她就是没有办法控制自己。

一次，朋友告诉她："附近有一位得道高僧，为什么不去找他为你指点迷津呢？说不定他可以帮你。"她觉得有点道理，于是就抱着试一试的态度去找那位高僧了。

当她向高僧诉说自己的心事时，态度十分恳切，强烈地渴望能从高僧那儿得到一些启示。高僧默默地听她诉说，等她说完，就带她来到一座禅房，然后锁上门，一言不发地离去了。

这位老妇人本想从禅师那里得到一些启示的话，可是没有想到禅师却把她关在又冷又黑的禅房里。她气得直跳脚，并且破口大骂，但是无论她怎么骂，禅师都不理睬她。老妇人实在受不了了，于是开始哀求禅师放了她，可是禅师仍然无动于衷，任由她自己说个不停。

过了很久，禅师终于听不到房间里的声音了，于是就在门外问："你还生气吗？"

老妇人恶狠狠地回答道："我只是生自己的气，很后悔自己听信别人的话，干吗没事找事地来到这种鬼地方找你帮忙。"

禅师听完，说道："你连自己都不肯原谅，怎么会原谅别人呢？"说完转身就走了。

15. 发脾气是因为你把自己看得太大

过了一会儿，高僧又问："还生气吗？"

老妇人说："不生气了。"

"为什么不生气了呢？"

"我生气又有什么用，还不是被你关在这又冷又黑的禅房里吗？"

禅师有点担心地说："其实这样会更可怕，因为你把气全部压在了一起，一旦爆发会比以前更强烈。"于是又转身离去了。

等到第三次禅师来问她的时候，老妇人说："我不生气了，因为你不值得我生气。"

"你生气的根还在，你还是不能从气的旋涡中摆脱出来！"禅师说道。

又过了很久，老妇人主动问禅师："大师，您能告诉我气是什么吗？"

高僧还是不说话，只是看似无意地将手中的茶水倒在地上。老妇人终于明白：原来，自己不气，哪里来的气？心地透明，了无一物，何气之有？

### ☕ 心灵咖啡屋

那些小事就如一粒粒的碎沙，在你的鞋子里让你感觉不舒服。那么，为了摆脱这些碎沙，你选择倒掉沙子还是踢掉鞋子？我们不能不穿鞋子，因为我们还有许多路要走，所以，还是选择倒掉沙子吧。

# 长寿的秘诀

仇恨是埋在心中的火种，如果不设法将其熄灭，必然会烧伤自己。

一个心胸狭窄、自私多疑的人，因为工作、生活以及人际交往都不顺心，突然喜欢上了算命，由生辰八字、紫微斗数、姓名学到占星术，没一样不研究。

当然，他学算命不是觉得算命灵验，而是想证明算命是骗人的东西。原因是有一位非常著名的大师为他算命，算他活不到四十七，他发誓，非打烂那大师的招牌不可。

他愈学愈怕，因为他发现自己算自己，也确实活不长。这时候，他整个人都变了，他开始关注身外的事物，也学一些慈善人士那样，开始四处做善事，他自言自语道："反正活不久了，好好利用剩下的岁月，做点对别人有益的事吧！"

接下来的岁月，人人都说他变了，由一个焦躁势利的小人，变成敦厚慈爱的君子。不知不觉，他过了四十七、过了四十八，而今已经五十三，红光满面、生气勃勃，比谁活得都健康。"你可以去砸那个大师的招牌了！"朋友有一天和他开玩笑。

他眼睛一亮，回问朋友："为什么？"又笑笑，"要不是那人警告我，我根本认识不到以前的自己。照我以前的样子，别说活到现在，能活到四十七不犯心脏病，就算不错了！"

### 心灵咖啡屋

为人处世，最重要的就是要放宽心胸。宽容处世，不要计较太多，多关注身外的事物，才是活得快乐和健康的良方。

## 有见识的人不轻易发怒

一个不能够克制自己脾气的人，也就很难处理好自己的人际关系，试问谁愿意和一个火药桶共事呢？

在海军服役两年后，威拉德·斯科特于1958年回到了华盛顿。正如他所料想的，他以前服务的公司全国广播公司正在等他回去工作。但是他没

## 15. 发脾气是因为你把自己看得太大

有料想到的是，公司换了新的老板，而且不知道是什么原因，这位新上司看起来好像不太满意他。

开始的时候斯科特尽量保持冷静，他努力工作，想向上司证明自己的实力。可是后来有一件事让他忍不住了。《快乐孩子》这个节目是斯科特和他的好友兼助手埃迪·沃克一直在主持的滑稽节目，但是新上司给他们安排的时间却差得不能再差了，将近午夜！

斯科特怒火中烧，他准备找老板大吵一架，哪怕因此丢掉饭碗也在所不惜。可是，他马上又想起了《圣经》中所罗门王的一句话："有见识的人不轻易发怒，宽恕别人的过失，便是自己的荣耀。"于是他冷静了下来，和埃迪·沃克接受了这一讨厌的时间安排。

他们任劳任怨、勤勤恳恳地干了三年后，这个节目成了华盛顿地区最受欢迎的滑稽节目。更为重要的是，他意识到了自己以前和老板打交道的时候也有错误。因为知道老板不喜欢自己，所以作为报复，他要么对老板不客气，要么就是尽量离他远远的，总是把矛盾搞得更为激化。可是有一天，老板邀请他去参加一个电台工作人员的聚会，斯科特没有办法推辞，只好去了。在那里，斯科特见到了老板的未婚妻，那是个漂亮活泼、待人诚恳的好姑娘。斯科特想，这样美丽热情的姑娘又怎么会喜欢一个一无是处的男人呢？通过她，斯科特对老板的为人有了新的认识。

渐渐地，斯科特对老板的态度改变了，而老板对他的态度也逐渐改变了。事实上，他们成了好朋友，他仍然在全国广播公司工作，后来还担任了《今天》这一节目的气象预报员。

### ☕ 心灵咖啡屋

真要感谢所罗门王的教诲。如果不是所罗门王的那句话让斯科特冷静下来，如果他没能忍住那一时之气，没耐住那三年的辛苦，那么他也就不会成为公司里重要的一员了。其实我们都要记住所罗门王的教诲。

123

# 仇恨袋

学会宽容、豁达，关上我们的"仇恨袋"，是挽救自己的最好方式。

有一个名叫赫格利斯的大力士，他从来都是所向披靡、无人能敌的，因此，他踌躇满志、春风得意，唯一的遗憾就是找不到对手。有一天，赫格利斯行走在一条狭窄的山路上，突然一个趔趄，他险些被绊倒。他定睛一瞧，原来脚下躺着一只袋囊，就是这个不起眼的袋囊绊了他。他没好气地对着袋囊猛踢一脚，然而那只袋囊非但纹丝不动，反而气鼓鼓地膨胀起来。赫格利斯恼怒了，挥起拳头又朝它狠狠地一击，但它依然待在那里，而且继续迅速地胀大着。赫格利斯暴跳如雷，捡起一根木棒朝它砸个不停，但袋囊却越胀越大，最后将整个山道都堵得严严实实，这下赫格利斯是完全过不去了。气急败坏却又无可奈何之下，赫格利斯累得躺在地上，气喘吁吁。不一会儿，一位智者从此经过，见此情景，就问他是怎么回事。赫格利斯懊丧地说："这个东西真可恶，存心跟我过不去，把我的路都给堵死了。"智者平静地说："朋友，它叫'仇恨袋'。你越是愤怒，它就越是庞大得难以逾越。如果一开始你就不理会它，或者干脆绕开它，它就不会跟你过不去，也不至于把你的路堵死了。"

### ☕ 心灵咖啡屋

对于仇恨，倘若你须臾不忘，它就会不断膨胀，最终蒙蔽你的心灵。倘若在仇恨的萌芽阶段，你能够忽视它，你的人生之路就会宽敞、明亮许多。

15. 发脾气是因为你把自己看得太大

## 死囚的遗言

愤怒，就精神的配置序列而论，属于野兽一般的激情。它能经常反复，是一种残忍而百折不挠的力量，从而成为凶杀的根源、不幸的盟友、伤害和耻辱的帮凶。

据说，有一个法官在宣判一个杀人犯死刑以后，走到他的面前，对他说："先生，请问你还有什么话要对你的家人说吗？"谁知那个囚犯毫不领情，他怒吼道："你去死吧，你这个伪君子、混蛋、刽子手，你对我的裁决一点也不公正！"法官受此辱骂，自然非常生气，他对着囚犯非常粗鲁地斥责了十几分钟。然而，法官刚一说完，囚犯的脸上立即露出了笑容，这一次，他很平静地对法官说："法官先生，您是一个受人尊敬的大法官，受过高等教育，读了很多书，可以说是一个文明人，可是，我只不过是骂了您几句而已，您就如此失态；而我，一个文盲，小学没毕业，大字不识一个，做着卑微的工作，因为别人调戏我老婆，我一时冲动，杀死了对方，而最终成了死刑犯。虽然我们的结果不一样，但有一点却是一样的，那就是我们都是情绪的奴隶！"

### ☕ 心灵咖啡屋

当我们对着他人充满愤怒地咆哮着的时候，我们的情绪就在被对方牵引着滑向失控的深渊。情绪控制对于每个人而言都是一个非常大的挑战，尤其是仇恨的情绪，更是如此。它足以令我们身陷囹圄，毁掉我们的一生。

## 控制坏脾气

**人最糟糕的心情是他不再意识和控制自己。**

从前有个脾气很坏的男孩，他的爸爸给了他一袋钉子，告诉他：每次发脾气或者跟人吵架的时候，就在院子的篱笆上钉一根钉子。第一天，男孩钉了37根钉子。后面的几天他学会了控制自己的脾气，每天钉的钉子也逐渐地少了。他发现，控制自己的脾气，实际上比钉钉子要容易得多。

终于有一天，他一根钉子都没有钉，他高兴地把这件事告诉了他的爸爸。爸爸说："孩子，从今后如果你一天都没有发脾气，就可以在这天拔掉一根钉子。"日子一天一天地过去了，最后，钉子全被拔光了。爸爸带男孩来到篱笆边上，对他说："儿子，你做得很好，可是看看篱笆上的钉子洞，这些洞永远也不可能恢复了。你和一个人吵架，说了些难听的话或伤害对方的话，你就在对方的心里留下了一个伤口，就像这个钉子洞一样，插一把刀子在一个人的身体里，再拔出来，伤口就难以愈合了。无论你怎么道歉，伤口总是在那儿。"

### 心灵咖啡屋

当出现一束可以驱散我们心头阴云的心灵之光时，我们却紧闭着心灵的大门，试图通过全力围剿的方式驱除心头的情绪阴云，而非打开心灵的大门让快乐、希望、通达的阳光照射进来，这真是大错特错。我们应该做情绪的主人，而不是情绪的奴隶。

## 总统的格局

三千大千世界尽于我心，如果我们能将心的容积扩大到无穷无尽，那么我们所拥有的世界也会无限宽广。

麦金利任美国总统时，任命某人为税务主任，但为许多政客所反对，他们派遣代表进谒总统，要求总统说出派那个人为税务主任的理由。为首的是一位国会议员，他身材矮小，脾气暴躁，说话粗声恶气，开口就给总统一顿难堪的讥骂。如果换成别人，也许早已气得暴跳如雷，但是麦金利却视若无睹，不吭一声，任凭他骂得声嘶力竭，然后才用极温和的口气说："你现在怒气应该可以平和了吧？照理你是没有权力这样责骂我的，但是，现在我仍愿详细解释给你听。"

这几句话把那位议员说得羞惭万分，但是总统不等他道歉，便和颜悦色地说："其实我也不能怪你。因为我想任何不明就里的人，都会大怒若狂。"接着他把任命理由解释清楚了。

不等麦金利总统解释完，那位议员已被他的大度折服。他懊悔不该用这样恶劣的态度责备一位和善的总统，他满脑子都在想自己的错。因此，当他回去报告抗议的经过时，他只摇摇头说："我记不清总统的解释，但有一点可以报告，那就是总统并没有错。"

### 心灵咖啡屋

同样是一颗心，有的人心中能容下一座山或是一片海，有的人心中却只能装下一己私利、一己悲欢。心有多大，世界就有多大，有大心量之人，方能够铸造大格局，有大格局者，方能够成就大气候！若是你的心还不够大，那么就用你的经历与勇气去把它撑大吧。

# 16. 聪明人，无谓争意气

做人还是要含蓄点，睁一只眼闭一只眼，不必斤斤计较。水清则无鱼，人清则无徒。谁又不跟谁一辈子，一些事心知肚明也就算了。

## 化谩骂于无形

不尊重他人正是对自己的一种侮辱，因为这种行为无疑暴露出了一个人的道德修养有多差，聪明人是绝对不会这样做的。

释迦牟尼佛祖在世时，亦曾遭人忌妒、谩骂。

有一次，佛祖遇到一个粗人，一直堵住佛祖不让他前行，口中则骂个不停。可是不管那个人骂得有多难听，释迦牟尼仍然心平气和地保持着沉默。等到对方骂累了，歇下来了，释迦牟尼才问他："我的朋友，如果一个人送东西给别人，对方却不接受的话，那么那个东西是属于谁的呢？"

"当然是属于那个送东西的人啦。"那个人很不客气地回答。

释迦牟尼说："刚才你一直在骂我，可是我若是不接受这些赠礼的话，那么刚才那些骂人话是属于谁的呢？"

那个人顿时为之语塞，沉默下来，从而也了解到自己以往的过错，并发誓以后再也不诽谤他人了。

释迦牟尼把自己的这个经验告诉给弟子，要他们戒之慎之："一般人遭人辱骂后，总想回嘴报复，其实根本没有必要。因为那个人总会自食其果，要想污辱别人，不但没有达到目的，反而会回报到自己身上，污辱到自己。因为当人开口辱骂别人的时候，就是在污辱着自己的修养和道德。"

### 心灵咖啡屋

世上有许多灾祸、矛盾的起因可能都是些微不足道的小事，只因彼此针锋相对，谁也不肯吃亏，才会将问题升级，演变得不可收拾。这其中因口角之争而引发无穷祸患的例子不在少数。如果此时可以退让一步，其实是可以将祸患化于无形的。

## 不要太霸道

不要以为自己很强大，就可以横冲直撞、肆意妄为。有的时候，看似孱弱的人，却具有意想不到的威力！

这是 1945 年 6 月发生的事情。有一个中学生，家住辽东半岛南部。当地用柞树养蚕，那是当时农家的一项可观的副业收入。幼蚕放入山以后，必须有人看管，以免被鸟雀吃掉。星期天他上山替老爸看山，也不耽误学习，拿本书坐在树下，有鸟雀飞来，喊几声就是了。

坐在树下，他觉得好像有什么东西从脚边爬过。站起来仔细一看，原来是一条一尺多长的小青蛇，它要爬过的地方，正好是一个蚂蚁窝。蚂蚁正在忙忙碌碌，好像是要搬家，它们数不清有多少，黑压压一大片。小青蛇路过蚁窝，倚仗自己是蛇，比小小的蚂蚁要大得多，神气地要冲过密密麻麻的蚁群。

本来蚁群是有组织地从东向西移动。由于这庞然大物的闯入，所有的小蚂蚁都围着小青蛇忙起来了。

小青蛇可能认为小小的蚂蚁没什么可怕的，冲过去就是了。它昂起蛇头，瞪着那双突出的蛇眼，吐出那像火丝一样的舌头，想吓跑这些挡住它去路的小蚂蚁。但蚂蚁不买它的账，一层又一层地围过来。小青蛇使劲地甩动全身。蚂蚁被甩掉又上来，并用它那细而尖硬的嘴，咬住它不放。蚂蚁们一只又一只，全往上攻，场面十分紧张。

蛇走不了啦，昂起的头低下了。它只有使劲在原地翻滚、扭动，眼睛被咬出了血；它哆哆嗦嗦，有气无力地扭动着身躯，甩打几下尾巴。黑压压的蚁群，死死地咬住小青蛇。小青蛇没劲了，甩尾巴的劲也没了，最后只有伸直了身躯，稍微蠕动了几下，再也不动了。小青蛇变成了小黑蛇。

**心灵咖啡屋**

很多时候，恰恰是我们的自以为是毁了自己。不要总是认为自己是何等强大，所谓强大不过是种浮华，要懂得"人外有人，天外有天"的道理。

# 谁占上风

因为鸡毛蒜皮的小事彼此互不相让，或许在那一刻你看似占了上风，但最终的结果还是自己吃亏。

公交车上总是会有那么多人，从来就没有空的时候，这日莎燕下班回家，在公司门前的那个站牌等公车。千等万等，终于来了一趟。

公车里好多的人，黑压压的。莎燕努力地向上挤，终于挤上了车。但挤车时一不小心，踩了旁边的胖大嫂一脚。胖大嫂的大嗓门叫开了："踩什么踩，你瞎了眼了？"莎燕本还想道歉来着，但一听这话面子上挂不住了："就踩你了，怎么着？"

于是，两个女人的好戏开演了。双方互相谩骂，恶语相向。随着火力的升级，两人竟然动起了手。胖大嫂先给了莎燕一下，莎燕也立即以牙还牙，两手都上去了，在胖大嫂脸上乱抓一通。还是边上的好心人把两人拉了开来。

莎燕的指甲长，抓破了胖大嫂的脸，而她却没怎么受伤。想到这里，莎燕不禁得意起来。

终于回到了家，一进家门莎燕便向老公倒起了苦水。不过她倒认为自己没吃亏，反倒把那恶妇抓破了脸，所以，讲到这里一脸的灿烂。这时老公看了她一下，惊奇地问道："你右耳朵上的那个金耳坠呢？"莎燕一摸耳朵，耳坠早已不见了……

## 16. 聪明人，无谓争意气

### ☕ 心灵咖啡屋

"以牙还牙"说不上是强硬，总以为别人占自己一分便宜，自己就要想尽办法占三分回来，往往吃亏的反而是自己，别为鸡毛蒜皮的小事争意气，气着了自己，别人也没什么损失。

# 化干戈为玉帛

人活于世，俗事本多，在无谓的冲突面前，要尽量善于忍让，有时示弱即是强！

美国著名拳王乔·路易在拳坛上几乎所向披靡，少见对手，但在生活中，他却遇到了一位令自己"退避三舍"的人。

那天，拳王与朋友一起开车出游。行至半途，前方路面出现突发状况，情急之下，拳王只得猛踩刹车。他这一急刹车不要紧，后面一辆跟得很紧的轿车险些就追尾。车子停住以后，那位司机暴跳如雷地跳了下来，指责乔·路易刹车刹得太急，接下来又破口大骂，说乔·路易的驾驶技术差劲儿，说着说着便准备动手，大有大打一场的架势。而乔·路易从始至终除了道歉的话以外，便再无一语。最好，那个司机骂得没趣了，便启动汽车扬长而去。乔·路易的朋友对此感到十分不解，忍不住问他："刚才那个人如此无理取闹，你为什么不好好修理他一下？"乔·路易听后幽默地答道："如果有人侮辱了帕瓦罗蒂，帕瓦罗蒂是否应为对方高歌一曲呢？"

### ☕ 心灵咖啡屋

当别人冲撞你时，他的心里也未必安然。倘若你能化干戈为玉帛，化冲突为祥和，则势必会得到对方的尊重与拥戴。

## 擦亮丢向你的那双鞋

你永远要宽恕众生，不论他有多坏，甚至他伤害过你，你一定要放下，才能得到真正的快乐。

读书时，同寝室有位个子长得矮小的同学，经常受同寝室一位大个子的欺负。一天，小个子正准备上床睡觉，不小心踩了大个子一脚，大个子火冒三丈，不由分说地脱下了自己脚上的那双脏皮鞋，狠狠地扔向了小个子。小个子说了声对不起，默默地睡去。

第二天，大个子起床时，惊讶地发现，自己的那双脏皮鞋，竟被人擦得光洁一新，端端正正地放在自己的床下。这是谁干的呢？

后来，大个子才知道，擦亮自己皮鞋的，竟是那位经常被他欺负的小个子！那天，小个子在大个子熟睡时，悄悄地起床帮大个子擦亮了那双扔向自己的脏皮鞋。大个子羞愧难当，从这以后，大个子好像换了一个人似的，不再欺负弱小，而且经常积极主动地帮同学做一些好事。寝室里的人际关系从此开始变得融洽起来。

### 心灵咖啡屋

一花开不是春天，只有一花引得百花开，那才叫春天。一个人优秀，不足以形成良好的社会风气，但如果这个人能用自己优秀的品质不断影响别人、融合别人，在他周围就会形成一片和谐的气氛。推而广之，这样的人多了，人类的春天也就来了。

## 17. 幸福如鱼饮水，冷暖自知

人活着，心才是幸福的源泉。世间最深奥、本真的道理大抵相通，一切均归于简单。所以，永远不要去羡慕别人的生活，即使那个人看起来快乐富足。幸福如鱼饮水，冷暖自知。

## 糊涂老人

**笑看得与失，淡然物与欲，生活也就轻松了许多……**

乡村有一对清贫的老夫妇，有一天他们想把家中唯一值点钱的一匹马拉到市场上去换点更有用的东西。老头牵着马去赶集了，他先与人换得一头母牛，又用母牛去换了一只羊，再用羊换来一只肥鹅，又把鹅换了母鸡，最后用母鸡换了别人的一口袋烂苹果。

在每次交换中，他都想给老伴一个惊喜。

当他扛着大袋子来到一家小酒店歇息时，遇上两个英国人。闲聊中他谈了自己赶集的经过，两个英国人听后哈哈大笑，说他回去准得挨老婆子一顿揍。老头子坚称绝对不会。英国人就用一袋金币打赌，二人于是一起回到老头子家中。

老太婆见老头子回来了，非常高兴，她兴奋地听着老头子讲赶集的经过。每听老头子讲到用一种东西换了另一种东西时，她都充满了对老头的钦佩。

她嘴里不时地说着："哦，我们有牛奶了！"

"羊奶也同样好喝。"

"哦，鹅毛多漂亮！"

"哦，我们有鸡蛋吃了！"

最后听到老头子背回一袋已经开始腐烂的苹果时，她同样不愠不恼，大声说："我们今晚就可以吃到苹果馅饼了！"

结果，英国人输掉了一袋金币。

### 心灵咖啡屋

不要为失去的一匹马而惋惜或埋怨生活，既然有一袋烂苹果，就做一些苹果馅饼好了。这样生活才能妙趣横生、和美幸福，而且，你才可能获得意外的收获。

## 坚持自我

你完全没有必要拿自己与别人做比较，你只需尽量完善自我，做最好的自己，你就是优秀的！

美国北卡罗来纳州的艾迪·奥瑞的太太讲述了她的一段亲身经历：

"当我还是小孩子时，就非常敏感、害羞，那时我的体重远超过正常标准，加上圆圆的脸颊，使我看起来更显得胖拙。我的母亲是一位思想古板且保守的旧时代女性，她认为把自己打扮得漂漂亮亮，是一件非常愚蠢的事情。她经常告诉我，衣服要穿得宽松一点才像样，因此从小我的穿着就是宽宽大大的，毫无美感可言。我从没参加过派对，也没有自己的娱乐，上学时，我从不加入同学的游戏中，更别提体育活动了。那时我就发觉，自己的害羞几乎是一种病态，大家都用异样的眼光来看我，很显然，我已经不受大家的欢迎了。长大以后，我嫁给大我儿岁的丈夫，但是结婚并没有改变我。我的婆家是一个大家族，他们认为理所当然的事，我却没有经历过。为了能和他们打成一片，我尽力改变我自己，想成为他们中的一员。可是，我却无法达成心愿，每当他们想要帮助我脱离生活阴影时，往往会使我的内心更为紧张。

"从此，我的性情变得非常紧张与暴躁，不再和朋友接触，此后，我的情况愈来愈糟，甚至听到门铃都会害怕，我自觉已经无药可救。但是，我又害怕丈夫知道我的隐痛，所以，每当我们一起出现在公共场合时，我就会刻意去表现自己的交际能力，但是很不幸，我却常因表现过度而导致适得其反。我的日子愈来愈难过，我的内心产生一种强烈的感觉，就是不想再在这个世界上多待一分钟。

"后来我突然开窍了。仅仅是被指点了一下，就改变了我的一生。有一天，婆婆和我谈起她教育孩子的方式，她常对子女说'不论遭遇什么事，都要坚持自我……'。'坚持自我'——它到底是什么？这个意念在我脑海中盘旋着，突然间我领悟到，这些年来，就是因为我一直在想成为一个不是自己的人，才使我陷入了痛苦的深渊。第二天我就整个改变过来了，我开始有了自我的生活。我试着去了解自己的个性、去了解自己到底是一个怎样的人以及自己的优点。我绞尽脑汁在服装的配色与样式上把'自我'给穿出来，我伸出双手走向人群，我还加入了一个小规模的社团。当他们第一次安排我演出时，我在台上手忙脚乱，不知所措。但是，就是在一次次的演出中，我的勇气被磨炼出来了。经过一段时间，我终于尝到了以前做梦也不敢想的快乐滋味。自从有了孩子以后，我也经常以此来教育他们。"

### 心灵咖啡屋

有缺漏、不完美是世间的真相。人生有一点缺陷，可以激发我们向上、向善的力量。不要因容貌而闷闷不乐，肌肤毛发原本是受之于父母的，我们无法选择，但除此之外我们还有很多其他选择，这些对于我们的人生更有意义！

## 拥有花，就去深嗅花的芬芳

拥有花，就去深嗅花的芬芳；拥有草，就去欣赏草的青绿。怀有一颗知足心细品已有果实和美味，才能获得真实的快乐。

菩萨在得道之前，是一个大国的国王，名叫察微。有一次，在空闲的日子里，察微王穿着粗布衣服，去巡视民情。他看到一个老头正在愁眉苦脸地补鞋，就开玩笑地问他说："天下的人，你认为谁是最快乐的？"

老头儿不假思索地回答："当然是国王最快乐了，难道是我这老头儿呀？"

察微王问："他怎么快乐呢？"

老头儿回答道："百官尊奉，万民贡献，想要什么，就能有什么，这当然很快乐了。哪像我整天要为别人补鞋子这么辛苦。"

察微王说："那倒如你讲的。"

他便请老头儿喝葡萄酒，老头儿醉得毫无知觉。察微王让人把他扛进宫中，对宫中的人说："这个补鞋的老头儿说做国王最快乐。我今天和他开个玩笑，让他穿上国王的衣服，听理政事，你们配合点。"

宫中的人说："好！"

老头儿酒醒过来，侍候的宫女假意上前说道："大王醉酒，各种事情积压下许多，应该去理政事了。"

众人把老头儿带到百官面前，宰相催促他处理政事，他懵懵懂懂，东西不分。史官记下他的过失，大臣又提出意见。他整日坐着，身体酸痛，连吃饭都觉得没味道，也就一天天瘦了下来。

几天之后，察微王又去看老头儿。老头儿说："上次喝了你的酒，就醉得不晓人事，到现在才醒过来。我梦见我做了国王，和大臣们一起商议

政事。史官记下了我的过失，大臣们又批评我，我心里真是惊惶忧虑，全身关节疼痛，比挨了打还痛苦。做梦都如此，不知道真正做了国王会怎么样？上次说的那些话错了。"

### 心灵咖啡屋

布衣茶饭，也可乐终身。人生在世，贵在懂得知足常乐，要有一颗豁达开朗平淡的心，在缤纷多变的生活中，拒绝各种诱惑，心境变得恬适，生活自然就愉悦了。而人之所以有烦恼，就在于不知足，整天在欲望的驱使下，忙忙碌碌地为着自己所谓的"幸福"追逐、焦灼、钩心斗角……结果却并非所想。

# 感恩生活

理想和现实之间永远会有差距，这正是上帝用来区分聪明人和蠢人的标准。聪明人永远会带着感恩的心去享受现实，而蠢人则会将手边的快乐随意丢弃。

一位虔诚的信徒在向上帝祷告时，诉说了自己的愿望：他希望能拥有一位温顺可人、高挑美丽的妻子；希望妻子能为他生下 2 个聪慧的儿子；希望自己能拥有一栋别墅，别墅的后面最好带有一座美丽的花园；希望自己还能拥有一辆法拉利跑车。

上帝给予了他祝福，祝愿他的梦想能够早日成真。

后来，这位虔诚的信徒果然娶到一位温柔美丽的妻子，只是妻子的身材并不高挑；妻子为他生下 2 个聪慧的孩子，只不过不是儿子，都是女儿；他用半生的积蓄买下了一座大房子，但并不是别墅，只是普通的民宅而已；房子的后面是有一片空地，但并没有种花，而是被妻子种下了食用的蔬菜；他确实拥有一辆汽车，但不是"法拉利"跑车，而是做出租车用的"福特"。

上帝竟然骗了我！信徒祷告时懊恼地向上帝抱怨："我一直如此虔诚地膜拜您，您为什么还要耍弄我？"

"哦，我不过是想给你一些惊喜。何况，你也没有给我我想要的东西。"

"您也有所求？您想要的是什么？"信徒感到不可思议。

"我希望你能因为我给你的东西感到快乐。"上帝一字一句说出了自己的愿望。

信徒顿悟，生活的真谛原来就是为拥有而快乐。

### 心灵咖啡屋

是你的就是你的，不是你的强求也无用！正所谓知足者常乐，放弃奢求，感恩你所拥有的一切，这样你才能体会到生活的乐趣。

## 老鼠的幻觉

很多东西并不是你所能改变的，这是不争的事实，倘若依旧放不下，幻想着那些不切实际的东西，就只会催生烦恼。这又何必呢？

昏暗的别墅中，一只小皮球突然穿过窗户，飞进走廊，落到了楼道的一角。

守门人的孩子——一个14岁的小姑娘——瘸着腿过去捡球。可怜的孩子被电车轧断了一条腿，现在有机会给别人捡捡球，对她而言也是快乐的。

走廊很暗，微弱的光线下，她看到墙角有个东西动了一下。

"喂,小猫咪!你怎么跑到这儿来了?"装着假腿的姑娘一边说着,一面急急忙忙去捡球。

被小姑娘看成猫咪的,其实是一只又老又丑的大老鼠。它吃了一惊,这辈子还没人这样客气地和它谈过话。人们看见它总是那样厌恶,不是拿石块砸它,就是吓得慌忙跑掉,它何曾受过如此的优待?

老鼠有生以来第一次想着:"如果我生下来就是一只猫,那该有多好啊,一切都会是另一个样子。"

"甚至……如果生下来是个有一条木腿的小姑娘,那……"它继续幻想着。

### 心灵咖啡屋

人总是在不经意地与别人攀比,从而生出诸多烦恼,进而迷失了自我,让本有的幸福与自己擦肩而过。我们不妨换个角度思考一下,为什么我们总是盯着那些令人艳羡的工作,而不去看看那些甚至连工作都找不到的人?其实,退一步想想,我们真的是"比上不足,比下有余"。

# 18. 一辈子不长，对自己好点

人生有许多东西是可以放下的。只有放得下，才能拿得起。尽量简化你的生活，你会发现那些被挡住的风景，才是最适宜的人生。千万不要过于执着，而使自己背上沉重的包袱。

## 不要背着石头上路

　　理想就像一座高山，多数人之所以无法登顶，往往是因为背负得过多。其实，人生有所得就必有所失，唯有懂得适当地放弃，你才能登上巅峰。

　　以前有位年轻人可谓天生聪慧，天赋过人，他希望在各方面都能够胜过身边之人，尤其想成为一名学问大师。然而，一晃十年过去，年轻人已经变成了中年人，他虽在各方面都取得了不俗的成绩，却唯独学业没有长进。他很苦恼，于是便去请教一位智者。

　　智者对他说："我们一起登山吧，到达山顶你就知道该怎样做了。"

　　二人一路向山顶攀去，沿途有很多晶莹的小石头，每每他多看几眼，智者就会让他装进袋子，背着上路。不多时，他已经难堪重负："智者，如果一直背着，不要说登上山顶，我恐怕寸步难行了。"

　　"那该怎么办呢？"智者微微一笑。

　　"应该把石头放下。"

　　"那你为何还不放下呢？一直背着石头怎么能够登上山顶呢？"

　　听了智者的话，他心中豁然一亮，向智者深鞠一躬，便下山了。

　　此后，他"充耳不闻窗外事，一心只读圣贤书"，终于得偿所愿，成了一名远近皆知的大学问家。

### 心灵咖啡屋

　　人的精力是有限的，谁都不可能做到面面俱到，更未见某个三心二意的人能够攀上成功的巅峰。一个人若想在人生中所有建树，首先就要明确自己的目标，继而专心致志地向着自己的目标迈进。这一过程中，你必须要放下那些冗余、无谓的杂事。

## 控制不了，就去喜欢

既然控制不了，就选择去喜欢！不要固执地扛住不放。有时，"顺应天命"也是一种不错的选择。别为你无法控制的事情而烦恼，你要做的是决定自己对于既成事实的态度。

一位美国旅行者来到苏格兰北部。他问一位坐在墙上的老人："明天天气怎么样？"

老人看也没看天空就回答说："是我喜欢的天气。"

旅行者又问："会出太阳吗？"

"我不知道。"老人回答道。

"那么，会下雨吗？"

"我不想知道。"

这时旅行者已经完全被搞糊涂了。"好吧，"他说，"如果是你喜欢的那种天气，那会是什么天气呢？"

老人看着美国人，慢慢说道："很久以前我就知道自己无法控制天气，所以不管天气怎样，我都会喜欢。"

### 心灵咖啡屋

当自己已经尽力，但因为个人无法控制的所谓"天命"而使事情变糟时，恐慌、着急、悔恨都无济于事，何不坦然面对，清除看似天经地义的坏心情，营造自己的轻松心态。

## 烦恼的根源

看淡一些，生活自然会变得轻松惬意，否则你的人生就真的要被"杯具"套牢了。

几位同窗去拜访大学老师，觥筹交错之际，乘着酒性众人纷纷诉说起自己的不如意，诸如工作压力太大、竞争中受挫、商场失利、生活琐事太多，等等。老师听后微笑不语，只是吩咐师娘不断地为大家加菜、添菜。

餐后，老师自厨房取出一大堆杯子摆在茶几上，杯子的形态各异，有好有坏，其中有陶瓷的，有玻璃的，有塑料的，有的杯子看起来高贵典雅，有的杯子看起来粗陋低廉……接着老师对大家说道："你们都是我的学生，我也就不客套了，谁要是口渴了，就自己倒点水喝吧。"

众人说了半天，早已经口干舌燥，听老师这样一说，也不再客套，于是纷纷拿起自己看中的杯子倒起水来。等到最后一位同学也将杯子注满以后，老师发话了："不知道你们是否注意到了，大家挑的都是最好看、最精致的杯子，而那些不起眼的杯子，却摆在那里无人问津。"

众人并不觉得奇怪，谁不希望自己手中是一只好看的杯子？只听老师继续说道："这就是你们烦恼的根源所在。大家喝的是水，而不是杯子，但我们却会下意识地选择漂亮水杯。这就像我们的生活，若将生活比作水，钱财、工作、名利就是盛水的杯子，它的好坏并不会影响水的质量。如果你一直将目光盯在杯子上，就无法体会到水的甘甜。"

### 心灵咖啡屋

我们喝的是水，而不是杯子，为何偏偏要去在意杯子的好坏？这或许就是我们万千烦恼、诸多抱怨的根源所在。

18．一辈子不长，对自己好点

# 别为打翻的牛奶哭泣

不要为打翻的牛奶而哭泣，不要为过往的错误过度懊悔。生活还要继续。

艾伦经常会为很多事情发愁，他常常为自己犯过的错误自怨自艾：交完考试卷以后，常常会半夜里睡不着，咬着自己的指甲，怕自己没办法考及格；他老是在想着做过的那些事情，希望当初没有这样做；老是在想自己说过的那些话，希望自己当时把那些话说得更好。

有一天早上，艾伦和全班的同学都到了科学实验室。老师保罗·布兰德威尔博士把一瓶牛奶放在桌子边上。学生们都坐了下来，望着那瓶牛奶，不知道那跟这节生理卫生课有什么关系。然后，保罗·布兰德威尔博士突然站了起来，一掌把那瓶牛奶打碎在水槽里，一面大声叫道："不要为打翻的牛奶而哭泣。"

突然老师叫所有的人都到水槽边去，好好地看看那瓶打碎的牛奶。"好好地看一看，"老师说，"因为我要你们这一辈子都记住这一课，这瓶牛奶已经没有了——你们可以看到它都漏光了，无论你怎么着急、怎么抱怨，都没有办法再救回一滴。只要先用一点思想，先加以预防，那瓶牛奶就可以保住。可是现在已经太迟了。我们现在所能做到的，只是把它忘掉。丢开这件事情，只注意下一件事。"

这次小小的表演，艾伦很久之后都还记得。事实上，这件事在实际生活中所教给他的，比他在高中读了那么多年书所学到的任何东西都好。它说明了一个道理，只要可能的话，就不要打翻牛奶，万一牛奶打翻、整个漏光的时候，就要彻底把这件事情给忘掉。

**心灵咖啡屋**

失去的就已经永远地离开了,即便你悲伤也好,忧郁也好,它也不会再回来了。与其花时间和精力沉浸在往日的失去中,莫不如走出忧郁,高高兴兴地去面对未来,迎接每一个崭新的日子,因为有未来就有希望,错过了昨天,你还会收获今天和明天。

# 别让你的负重累及亲朋

人生如白驹过隙,如果我们在得失之间执迷不悟,是否太亏欠这似水年华呢?学会舍得,学会洒脱,你的人生同样可以有属于自己的精彩。

北宋时期,金兵大举入侵中原,宋朝百姓纷纷离开家乡,以避战乱。一伙百姓仓皇逃到河边,他们丢下了身上所有的重物,包括贵重的物件,拥挤着登上了仅有的一条渡船。船家正要开船,岸边又赶来了一人。

来人不停地挥手、叫喊,苦苦恳求船家把他也带上。船家回答道:"我这条船已经载了很多人,马上就要超载了,你要是想上船过岸,就必须把身上的大包袱统统扔掉,否则船会被压沉的。"

那人迟疑不决,包袱里可是他的全部家当。

船家有些不耐烦,催促道:"快扔掉吧!这一船人谁都有舍不得的东西,可他们都扔掉了。如果不扔,船早就被压沉了。"

那人还在犹豫,船家又说:"你想想看,包袱和人到底孰轻孰重?是这一船人的性命重要,还是你的包袱重要?你总不能让一船人都因为你的包袱惶恐不安吧!"

## 18.一辈子不长，对自己好点

**心灵咖啡屋**

包袱虽然只属于你自己，但它却会令一船人为之担心不已，这其中包括你的父母、你的妻儿、你的朋友……有些时候，纵使放不下也要放，多愁善感、愁肠百结不但会伤害你自己，同时还会伤害那些关心你的人。

## 忘记过去，从头再来

人生的成或败、乐或悲，有相当一部分取决于自己的心态。一个人心里想着快乐的事情，他就会变得快乐；心里想着伤心的事情，心情就会变得灰暗。

著名哲学家周国平写过一个寓言：

有一位少妇忍受不住人生苦难，遂选择投河自尽。恰恰此时，一位老艄公划船经过，二话不说便将她救上了船。

艄公不解地问道："你年纪轻轻，正是人生当年时，又生得花容月貌，为何偏要如此轻贱自己、要寻短见？"

少妇哭诉道："我结婚至今才两年时间，丈夫就有了外遇，并最终遗弃了我。前不久，一直与我相依为命的孩子又身患重病，最终不治而亡。老天待我如此不公，让我失去了一切。你说，现在我活着还有什么意思？"

艄公又问道："那么，两年以前你又是怎么过的？"

少妇回答："那时候自由自在、无忧无虑，根本没有生活的苦恼。"她回忆起两年前的生活，嘴角不禁露出了一抹微笑。

"那时候你有丈夫和孩子吗？"艄公继续问道。

"当然没有。"

"那么，你不过是被命运之船送回了两年前，现在你又自由自在、无忧无虑了。请上岸吧！"

少妇听了艄公的话，心中顿时敞亮许多，于是告别艄公，回到岸上，看着艄公摇船而去，仿佛做了个梦一般。从此，她再也没有产生过轻生的念头。

### 心灵咖啡屋

无论是快乐抑或是痛苦，过去的终归要过去，强行将自己困在回忆之中，只会让你备感痛苦！无论明天会怎样，未来终会到来，若想明天活得更好，你就必须以积极的心态去迎接它！你要认识到，即便曾经一败涂地，也不过是被生活送回到了原点而已。

## 19.
## 幸福的最大障碍，就是对幸福的奢望太多

期望越少，幸福越多。凡事不要苛求，对于物质，不要贪心，够用就好，不要活在自己的世界里，不要贪念这浮华世界的虚荣与爱慕，积极生活，把心放开些，简单地生活，没有那么多懊恼。

## 价值

　　一颗露珠，若在阳光下蒸发，它只能成为水汽；若能滋润其他生命，它的价值就得到了升华，自然无悔。

　　有一富翁，为了让自己那整日精神不振的孩子懂得知福、惜福，便将其送到当地最贫穷的村落住了一个月。一个月后，孩子精神饱满地回来，脸上并没有带着被"下放"的不悦，这让富翁感到很是不可思议。

　　他想知道孩子有何领悟，便问儿子："怎么样？现在你应该知道，不是每个人都能像我们过得这样好吧？"

　　儿子说："不，他们的日子比我们好。我们晚上只有电灯，而他们有满天星星；我们必须花钱才买到食物，而他们吃的是自己栽种的免费粮食；我们只有一个小花园，可对他们来说，山间到处都是花园；我们听到的是城市里的噪声，他们听到的却是大自然的天籁之音；我们工作时精神紧绷，他们一边工作一边哼着歌；我们要管理佣人、管理员工，有操不完的心，他们只要管好自己；我们要关在房子里吹冷气，他们却能在树下乘凉；我们担心有人来偷钱，他们没什么好担心的；我们老是嫌饭菜不好吃，他们有东西吃就很开心；我们常常无故失眠，他们每夜都睡得很香……"

　　人生的价值该怎样诠释？相信每个人都有不同的看法，大家不妨再一同去看看下面这则故事。

　　乞丐很早便出门了，当他把米袋从右手换到左手，正要吹一下手上的灰尘时，一颗大而晶莹的露珠掉到了他的掌心上。

　　乞丐看了一会儿，将手掌递到唇边，对露珠说：

　　"你知道我将要做什么吗？"

19. 幸福的最大障碍，就是对幸福的奢望太多

"你将会把我吞下去。"

"看来你比我更可怜，生命操纵在别人手中。"

"你说错了，我的思想里没有'可怜'这两个字。我曾经滋润过一朵很大的丁香花蕾，并让它美丽地绽放，为这世间增添了一抹艳丽。现在我又将滋润另一个生命，这是我最大的快乐和幸福，我此生无悔。"

### 心灵咖啡屋

真正有价值的，是拥有一颗开放的心，有勇气从不同的角度衡量自己的生活。那样，你的生命就会不断更新，你的每一天都会充满惊喜。

# 寻找快乐

若背负名利于心，试问何处盛装快乐？若整日尔虞我诈，试问快乐从何而言？若患得患失，阴霾不开，试问快乐又在哪里？若心胸狭隘，不懂释然，试问快乐何处寻找？

富翁身背诸多金银，四处寻找快乐。然行遍万水千山，却仍不知快乐为何物。

这日，富翁在林边歇脚，恰逢一柴夫打此经过，于是富翁问道："我空有万贯家财，为何却没有快乐？请问如何才能找到快乐呢？"

柴夫卸下肩头的一大捆柴，一边擦汗一边回答："对我来说快乐很简单，你看，放下了就会轻松、就会快乐。"

富翁茅塞顿开：自己身背大量金银，生怕会有闪失，整日提心吊胆，又何来快乐呢？于是，富翁决定广结善缘，广散钱财，让那些需要救济的人都能喜笑颜开。这样一来，他竟也尝到了快乐的滋味。

### 心灵咖啡屋

穷与富，并不是衡量快乐的标准。一个人若能超然于物外，即便他仅有野蔬果腹，亦能自得其乐。相反，一个人若一直为名利所累，即便他富甲天下，也很难求得一朝快乐。

## 如此乞丐

一个人的心如果被贪婪所蒙蔽，那么上苍必然会将已赐予他的东西再收回去。

老乞丐很幸运，因为他"蜗居"的不远处住着一位善长仁翁，对方总是不时接济他，尤其是过年时，仁翁一定会送来两锭碎银，帮助他渡过年关。

这一年，眼看年关将至，可仁翁依然毫无动静，老乞丐有些着急——自己可是指着这两锭碎银过年呢！于是，老乞丐在仁翁外出的必经之路上等待着。恰巧这一天仁翁要去请人写副门联，二人自然相遇了。

"你怎么还不给我银子？小年都过了，我还指着它办年货呢！"老乞丐说得理直气壮。

仁翁略有不满，但隐忍未发："是这样，今年土地收成不好，城里的生意又折了本，而且小儿子刚刚结婚不久，所以今年并不宽裕。"

"这我不管，那是你的事情，你总不能因为你的事就影响我过年吧！"老乞丐不依不饶。仁翁不想和他纠缠，于是掏出一锭碎银递给老乞丐："今年我只能给你一锭了。"

"你怎么能这样？你怎么可以用我过年的钱养你的家？"老乞丐竟然发起了脾气。停了片刻他又说，"唉，看在你昔日对我不错的分上，就不和你计较了。不过你要记住，明年可一定要还我！"

仁翁再也忍不下去，收起银子，扬长而去。

身无分文的老乞丐又冷又饿，差点没挺过这个年关。

### 心灵咖啡屋

为人绝对不可动贪心，贪心一动良知就自然泯灭，良知泯灭就丧失了正邪观念，正气一失，其他就随意而变了。生活中一些人抵不住"贪"字，灵智为之蒙蔽，刚正之气由此消除……

## 吝啬鸟

紧紧抓着不放，不肯与人分享丝毫，这样的人其实是贫穷的。

城郊有一座葡萄园，果实甘甜，每到成熟季节，都会有很多人前来采摘，而每每此时，都会有一只鸟儿盘旋在葡萄园上方。如果有人伸手去摘葡萄，这只鸟就会大叫不停，仔细听那声音，似乎是"我所有……我所有"，因此，人们给它取了一个十分滑稽的名字——"吝啬鸟"。

这年，葡萄园大丰收，前来采摘的人比往年多了一倍。吝啬鸟叫得凄厉异常，但人们对此早已司空见惯，根本不去理会。最后，由于日复一日地啼叫，吝啬鸟累得咯血而亡。

数十年前，城中住着一位年轻人，他在父母过世以后继承了大笔财产。对他而言，钱财就是一切，他每天计算着自己的财产数量，甚至连城郊葡萄园的收成也计算在内，只盼望能够越多越好。

在他看来，多一个人就会多一分消耗，所以他一生没有娶妻生子。终老以后，由于他的财产无人继承，所以便全部没入了国库。

吝啬鸟的前世，就是这位年轻人。他虽已转世为鸟，但仍未改吝啬之习，仍想霸着葡萄园不放，乃至累得咯血而亡。

### 心灵咖啡屋

如果你所拥有的，已经超过你所需要的，那么为何不能让更多真正需要的人"沾沾光"呢？若如此，你一定能够赢得人格上的富足。

# 你在意的是什么

人总是把心思集中在金钱上，就成了金钱的奴隶，再无心去领略生命中的万千风景。

有一位长年住在山中的印第安人，因为特殊机缘，接受了一位纽约友人的邀请，前往纽约做客。

当纽约友人领着印第安朋友走出机场，正要穿越马路时，印第安人对着纽约友人说："你听到蟋蟀的叫声了吗？"

纽约友人大笑："您大概坐飞机坐太久了，这机场的引道连接着高速公路，怎么可能有蟋蟀呢？"

又走了两步，印第安朋友又说："真的有蟋蟀！我清楚地听到了它们的声音。"

纽约友人笑得更大声了："您瞧！那儿正在施工打洞，机械的噪声那么大，怎么会听得到蟋蟀声呢？"

印第安朋友二话不说，走到斑马线旁安全岛的草地上，翻开了一段枯死的树干，便招呼纽约友人前来观看那两只正在高歌的蟋蟀！

纽约友人露出不可置信的表情，直呼不可能："你的听力真是太好了，能在那么吵的环境下听到蟋蟀叫声！"

印第安朋友说："你也可以啊！每个人都可以的！我可以向你借点零钱来做个实验吗？"

19. 幸福的最大障碍，就是对幸福的奢望太多

"可以！可以！我口袋中大大小小的铜板有十几元，您全拿去用！"

纽约友人很快把钱掏给印第安朋友。

"仔细看，尤其是那些原本眼睛没朝我们这儿看的人！"说完，印第安朋友把铜板抛向柏油路。突然，有好多人转过头来，甚至有人开始弯下腰来捡钱。

"您瞧，大家的听力都差不多，不一样的地方是，你们纽约人专注的是钱，我专注的是自然与生命。所以听到与听不到，全然在于有没有专注地倾听。"

### ☕ 心灵咖啡屋

"欲望越小，人生就越幸福。"这话蕴含着深刻的人生哲理。它是针对欲望越大人越贪婪，越易致祸而言的。"身外物，不奢恋"，这是黑悟后的清醒。谁能做到这一点，谁就会活得轻松、过得自在。

# 两只老虎

合适的才是最好的，不要艳羡别人的幸福，对你来说那可能是一种苦楚。

有两只老虎，一只在笼子里，一只在野地里。

在笼子里的老虎三餐无忧，在外面的老虎自由自在。

两只老虎经常进行亲切的交谈。

笼子里的老虎总是羡慕外面的老虎自由，外面的老虎却羡慕笼子里的老虎安逸。

一日，一只老虎对另一只老虎说："咱们换一换。"另一只老虎也同意了。

于是，笼子里的老虎走进了大自然，野地里的老虎走进了笼子。

从笼子走出来的老虎高高兴兴，在旷野里拼命奔跑；走进笼子里的老虎也十分快乐，它再不用为食物而发愁。

但不久，两只老虎都死了！

一只是饥饿而死，一只是忧郁而死。

从笼子里走出的老虎获得了自由，却没有同时获得捕食的本领；走进笼子的老虎获得了安逸，却没有获得在狭小空间生活的心情。

### 心灵咖啡屋

许多时候，人们往往对自己的幸福熟视无睹，反而觉得别人的幸福很耀眼。想不到，别人的幸福也许会对自己不适合；更想不到，别人的幸福也许正是自己的坟墓。

## 20. 上天不给我们的，无论我们十指怎样紧扣，仍然漏走

你要随时认命，因为你是人。你得记住，上天不给我们的，无论我们十指怎样紧扣，仍然漏走；给我们的，无论过去我们怎么失手，都会拥有。

## 命运的两扇门

**命运有两扇门，有时看似痛苦的失眠，却可以成就不朽的诗篇。**

他落榜了！一千二百年前，榜纸那么大那么长，然而，就是没有他的名字，竟单单容不下他的名字"张继"那两个字。

考中的人，姓名一笔一画写在榜单上，天下皆知。奇怪的是，在他的感觉里，考不上，才更是天下皆知。这件事，令他羞惭沮丧。

离开京城吧！议好了价，他踏上小舟。本来预期的情节不是这样的，本来也许有插花游街、马蹄轻疾的风流，有衣锦还乡、袍笏加身的荣耀。然而，寒窗十年，虽有他的悬梁刺股，琼林宴上，却并没有他的一角席次。

船行似风，江枫如火，在岸上举着冷冷的燔焰。这天黄昏，船来到了苏州。但这美丽的古城，对张继而言，也无非是另一个触动愁情的地方。

如果说白天有什么该做的事，对一个读书人而言，就是读书吧！夜晚呢？夜晚该睡觉以便养足精神第二天再读。然而，今夜是一个忧伤的夜晚。今夜，在异乡，在江畔，在秋冷雁高的季节，容许一个落魄的士子放肆他的忧伤。江水，可以无限度地收纳古往今来一切不顺遂之人的泪水。

江上渔火二三，他们在干什么？在捕鱼吧，或者，虾？他们也会有撒空网的时候吗？世路艰辛啊！即使潇洒地捕鱼，也不免投身在风波里吧？然而，他们至少还能辛苦工作。只有我张继，是天不管地不收的一个，是既没有权利去工作，也没福气去睡眠的一个。

钟声响了，这奇怪的深夜的寒山寺钟声。一般寺庙，都是暮鼓晨钟，

20. 上天不给我们的，无论我们十指怎样紧扣，仍然漏走

寒山寺庙敲"夜半钟"，用以惊世。钟声贴着水面传来，在别人，那声音只是睡梦中模糊的衬底音乐。在他，却一记一记都撞击在心坎儿上，正中要害。钟声那么美丽，但钟到底是痛还是不痛呢？既然失眠，他推枕而起，摸黑写下"枫桥夜泊"四字，然后，就把心中的其余二十八字"照抄"下来：

月落乌啼霜满天，江枫渔火对愁眠。

姑苏城外寒山寺，夜半钟声到客船。

感谢上苍，如果没有落第的张继，诗的历史上便少了一首好诗，我们的某一种心情，就没有人来为我们一语道破。

一千二百年过去了，那张长长的榜单上（就是张继挤不进去的那纸金榜）曾经出现过的状元是谁？哈！谁管他是谁？真正被记得的名字是"落第者张继"。有人会记得那一届状元披红游街的盛景吗？不！我们只记得秋夜的客船上那个失意的人，以及他那场不朽的失眠。

### 心灵咖啡屋

上帝为你关上一扇门的时候，必然会给你打开一扇窗。得到和失去都是相对的，就看你最在意的是什么。不要为一时的得失而痛苦，其实你每时每刻都在得到。

## 真的痛了，自然放下

人生就如一杯清茶，舍得才知其清甜，放下才闻其香郁！

某人情感受挫，遭遇朋友的背叛，事业上又遭遇桎梏，他为此忧伤满腹，惶惶不可终日，常借酒精来麻醉自己。

家族中一长者闻知这种情况，主动前来劝慰，但奈何说尽良言，该人

始终不为所动，依旧满脸哀愁。最后该人说道：

"您不用再说了，我都明白，但我就是放不下一些人和事。"

长者道："其实只要你肯，这世间的一切都是可以放下的。"

"有些人和事我就是放不下！"该人似乎有点不耐烦。

长者取来一只茶杯，并递到该人手中，然后向杯内缓缓注入热水。水慢慢升高，最后沿着杯口外溢出来。

该人持杯的手马上被热水烫到，他毫不迟疑地松开了手，杯子应声落地。

长者似在自语："这世间本没有什么放不下的，真的痛了，你自然就会放下。"

该人闻言，似有所悟……

### 心灵咖啡屋

这世间根本没有什么是放不下的，真的痛了，你自然就会放下！不要刻意去遗忘，更不要长期沉浸于痛苦之中。

## 生命的得失

生命中的一切本就不属于我们，曾经拥有过，我们为之庆幸，失去了，那也没关系，这样的人生才称得上幸福。

一个婴儿刚出生就夭折了；一位老人寿终正寝；一名中年人暴亡；三人的灵魂在去往天国的途中相遇，彼此诉说起自己的不幸。

婴儿对老人说："上帝太不公平，你活了这么久，我等于没活过就失去了整整一辈子。"

老人回答："你几乎不算得到了生命，所以也就谈不上失去。谁受生命的赐予最多，死时失去的也最多，长寿非福也。"

中年人大叫起来："有谁比我惨！你们一个无所谓活不活，一个已经活够数，我却死在正当年，把生命曾经赐予的和将要赐予的都失去了。"

不知不觉，他们已来到天国门前，只闻一个声音在头顶响起：

"众生啊，那已经逝去的和未曾得到的都不属于你们，你们有什么失去的呢？"

三个灵魂齐声呼喊："主啊，难道我们中间没有一个最不幸的人吗？"

那个声音答道："最不幸的人不止一个，你们全都是！因为你们全都自以为所失最多。谁受这个念头折磨，谁就是最不幸的人。"

### 心灵咖啡屋

芸芸众生，每个人都有自己的追求与欲望，都有着与众不同的价值观，霸者重权、贪者重钱、痴者重情，隐者则更喜好那份安逸与宁静，但无论你选择钱与权，还是选择情与静，你都必须要放弃其他的一些东西。孰轻孰重、幸与不幸，都要看你怎样去定义。

# 该放手时须放手

执着没有什么不对，但放下也是智慧的选择。对智者而言，放下比执着更能修身养性，更能快人一步取得成功。

一位基督教信徒休假时，前往某山旅游。他在登山时，不小心脚下一滑，瞬息跌下深谷。所幸的是，信徒抓住了一根树枝，得以保全性命。

信徒非常惶恐，他不住地祷告，祈祷耶稣来拯救自己。

耶稣真的出现了，他告诉信徒，只有放开手中的树枝，自己才能设法救他，但任凭耶稣如何劝导，信徒就是死死抓住不放。最后，耶稣无奈地

摇了摇头，说道："你若不放手，任谁也救不了你！"

毫无疑问，这已经是耶稣给信徒下的"最后通牒"，但可怜的信徒对此仍旧充满了质疑，他紧握树枝的双手没有一丝放松。耶稣见状，只得叹息着飘然而去。

不多时，信徒精疲力竭，他没有力气再做支撑，最终伴随着一声惨叫，可怜的信徒"无可救药"地跌落深谷。

### 心灵咖啡屋

我们常常抱怨生活太累，却又舍不得放下冗余的重负，最后往往会被重负所压倒。若是只知抓住不放，不分是非，认为做人就应该永不放弃，那么最终伤害的也只能是自己。要想驾驭好生命之舟，我们就必须学会适当地放手。

# 失之东隅，收之桑榆

人生中迷茫，皆因放不下那颗"执着"心。有时放下反而会为你带来更大的收获。

三国时，刘备为寻王佐之才，广招天下贤士。某日，刘备在路上得一歌者单福，其人运筹帷幄，助刘备连战连胜，大挫曹操锐气。曹操深知刘备用兵泛泛，大感疑惑，遂派人前去侦察，方知施计者乃单福，即徐庶也。

原来，徐庶幼年爱击剑，常以侠义自居，后因为人打抱不平，惹下人命官司，为躲避官兵的追捕，才改名为单福。其后，因寡不敌众，失手被擒，官府方面对徐庶进行了严刑拷打，徐庶一方面出于江湖道义，始终不肯说出事情的真相，一方面又怕因此株连自己的母亲，尽管受尽酷刑，也

## 20.上天不给我们的，无论我们十指怎样紧扣，仍然漏走

不肯道出自己的真实姓名及身份。江湖朋友感于徐庶的仗义、孝义之举，多方打点，费尽周折，终将徐庶救出牢笼。此后，徐庶弃剑从文，学业大进，终成一代名士。徐庶在荆州时，与崔州平、孟公威和诸葛亮、庞统、司马徽等人常有交往，后受司马徽劝，遂来投奔刘备。

曹操深知徐庶侍母至孝，便心生一计，挟徐庶老母入曹营。徐庶万般无奈，只得向刘备道出实情，并请求入曹见母。刘备戎马半生，屡屡失意，刚得一人才怎舍放弃。然而，"孝"乃大节，仁者岂可陷人于不孝？一番思索，刘备最终决定放徐庶去曹营。徐庶对刘备的大度深为感激，便向刘备力荐另一旷世奇才——诸葛亮，正因如此，才有了后来的三分天下。

### 心灵咖啡屋

倘若皇叔私心重一些，决意不放徐庶进曹营，又怎会得到徐庶的力荐，又何来日后的诸葛武侯、何来日后的天下三分？所谓"塞翁失马，焉知非福"，面对得失，我们应该淡然一些，该放时就要果断地放下。

## 欲不抛又安可得

什么都想得到的人，最终可能会为物所累，导致一无所有。只有懂得放弃的人，才能达到人生至高的境界。

弘一法师出家前的头一天晚上，与自己的学生话别。学生们对老师能割舍一切遁入空门既敬仰又觉得难以理解，一位学生问："老师为何而出家？"

法师淡淡答道："无所为。"

学生进而问道："忍抛骨肉乎？"

法师给出了这样的回答:"人世无常,如暴病而死,欲不抛又安可得?"

世上人,无论学佛的还是不学佛的,都深知"放下"的重要性,可是真能做到的,能有几人?如弘一法师这般放下令人艳羡的社会地位与大好前途、离别妻子骨肉的,可谓少之又少。

### 心灵咖啡屋

天空广阔能盛下无数的飞鸟和云,海湖广阔能盛下无数的游鱼和水草,可人并没有天空开阔的视野也没有海广阔的胸襟,要想能有足够轻松自由的空间,就得抛去琐碎的繁杂之物,比如无意义的烦恼、多余的忧愁、虚情假意的阿谀、假模假式的奉承……如果把人生比作一座花园,这些东西就是无用的杂草,我们要学会将这些杂草铲除。

## 21.
## 得之我幸，不得我命，如此而已

  有些东西，注定与你无缘，你再强求，到头来所有的期望终究成空。不属于你的，那就放弃吧，大千世界，莽莽苍苍，我们能够拥有的毕竟有限，不要让无止境的欲求埋葬了原本的快乐。得之我幸，失之我命，若能如此，一切皆会释然。

## 欲有所得，必先有舍

如果你心里总是想着得到好处，那么可能你真的什么都得不到。

第一天晚上，小猴妈妈端来了两碗面条，一碗上面有个鸡蛋，一碗上面什么也没有，然后让小猴选择，小猴不假思索地选择了有鸡蛋的那一碗。但它吃上以后，才发现妈妈那碗居然在面的下面藏着两个鸡蛋。

第二天晚上，小猴妈妈又端来了两碗面，仍然是一碗上面有个鸡蛋，一碗上面什么也没有，然后让它选择。

小猴汲取第一天晚上的教训，选择了没有鸡蛋的那一碗，但是出乎它意料，这碗面里没有像第一天晚上那样埋着鸡蛋，只是一碗面。

小猴迷惑地看着妈妈，妈妈告诉它："想占便宜的人，往往什么都得不到。"

第三天晚上，猴妈妈端来了两碗一样的表面没有鸡蛋的面条让小猴选择，小猴却说："妈妈累了一天，妈妈先选。"

猴妈妈笑了，随手拿了一碗吃了起来。小猴端起了另一碗。这一次，妈妈和小猴的碗里都埋着两个鸡蛋。

猴妈妈告诉小猴："不想占便宜的人，生活也不会让它吃亏的。"

### 心灵咖啡屋

很多人就是害怕吃亏，但是其实他们在占便宜的时候也失去了很多。不懂得吃亏的人就得不到回报。生活不会亏待任何一个人，它会把你付出的都返还给你。

21. 得之我幸，不得我命，如此而已

## 丢失的发夹

有的时候，我们必须要为自己做出选择，倘若这时候我们两只手都抓住欲望不放，那也许我们终将一无所获。

传说，一位国王有 7 个女儿，个个如花似玉、国色天香，是国王的骄傲。

而她们那一头乌黑亮丽的长发也是远近闻名，人卜皆知。所以国王送给她们每人 100 个漂亮的发夹。

有一天早上，大公主醒来，一如往常地用发夹整理她的秀发，却发现少了一个。于是她偷偷地到了二公主的房里，拿走了一个发夹。

二公主发现少了一个发夹，便到三公主房里拿走了一个发夹。

三公主发现少了一个发夹，也偷偷地拿走了四公主的一个发夹。

四公主也一样偷偷地拿走了五公主的一个发夹。

五公主一样拿走了六公主的一个发夹。

六公主只好拿走七公主的一个发夹。

于是，七公主的发夹只剩下 99 个了。

隔天，邻国英俊的王子忽然来到皇宫。他对国王说："昨天我养的百灵鸟叼回了一只发夹，我想这一定是属于公主们的，而这也真是一种奇妙的缘分，不晓得是哪位公主丢了发夹？"

六位公主听到了这件事，都在心里说："是我丢的，是我丢的。"可是自己头上明明完整地别着 100 个发夹，所以都懊恼得很，却什么也说不出来。

只有七公主走出来说："我丢了一个发夹。"话才说完，一头漂亮的长发因为少了一个发夹，全部披散了下来，王子不由得看呆了。

最后的结局可想而知，王子和公主结了婚，过上了幸福快乐的生活。

### 心灵咖啡屋

人的一生中总会有一些机遇，但是也很有可能这些机遇同时摆在你面前，让你无法取舍。这时候的你仿佛走到了一个人生的岔路口，不知道应该向左还是向右。但是不管怎样，我们不要妄想着把所有的好东西统统抓在手里，因为你会因能力有限而失去得更多。

## 舍而后得

让河流动，方得一池清水，这是流水不腐的道理。舍而后得，这是人生的道理。

有两个湖，这两个湖给人的感觉是完全不一样的。其中一个湖名叫加里勒亚湖，水质清澈洁净，可供人们饮用，湖里面各种生物和平相处，鱼儿游来游去，清晰可见。四周是绿色的田野与园圃，人们都喜欢在湖边筑屋而居。

另一个湖叫死海，水质的碱度是世界之最，湖里没有鱼儿的游动，湖边也是寸草不生，了无生气，景象一片荒凉，没有人愿意住在附近，因为它周围的空气都让人感到窒息。

有趣的是，这两个湖的水源，是来自同一条河的河水。所不同的是：一个湖既接受也付出，而另一个湖在接受之后，只保留，不懂得舍去原来的水。

### 心灵咖啡屋

一个人舍下一切是真正的壮大，无牵无挂；一个人拥有一切便是沉沦苦痛的深渊。学会舍弃，免于物欲的奔逐、事物的执迷，才能获得人生的自在与豁达。

## 21. 得之我幸，不得我命，如此而已

# 不过损失 2 美元

当我们在得与失之间徘徊的时候，只要还有选择的权利，那么，我们就应当以自己的心灵是否能得到安宁为原则。

山姆是一个画家，而且是一个很不错的画家。他画快乐的世界，因为他自己就是一个快乐的人。不过没人买他的画，因此他偶尔难免会有些伤感，但只是一会儿的时间。

"玩玩足球彩票吧！"朋友劝他，"只花 2 美元就有可能赢很多钱。"

于是山姆花 2 美元买了一张彩票，并且真的中了彩！他赚了 500 万美元。

"你瞧！"朋友对他说，"你多走运啊！现在你还经常画画吗？"

"我现在只画支票上的数字！"山姆笑道。

于是，山姆买了一幢别墅并对它进行了一番装饰。他很有品位，买了很多东西，其中包括阿富汗地毯、维也纳橱柜、佛罗伦萨小桌、迈森瓷器，还有古老的威尼斯吊灯。

山姆满足地坐下来，点燃一支香烟，静静地享受着自己的幸福。突然，他感到自己很孤单，他想去看看朋友，于是便把烟蒂一扔，匆匆走出门去。

烟头静静地躺在地上，躺在华丽的阿富汗地毯上……一个小时后，别墅变成一片火海，它完全被烧毁了。

朋友们在得知这一消息以后，都赶来安慰山姆："山姆，你真是不幸！"

"我有何不幸呢？"山姆问道。

"损失啊！山姆，你现在什么都没有了。"朋友们说。

"什么呀？我只不过损失了2美元而已。"山姆答道。

### 心灵咖啡屋

人生漫长，每个人都会面临无数次选择。这些选择，可能会使我们的生活充满烦恼，使我们不断失去本不想失去的东西。但同样是这些选择，却又让我们在不断地获得。我们失去的，也许永远无法弥补，但我们得到的却是别人无法体会到的、独特的人生。

## 万事随缘

**佛法讲"万事随缘"，既然你与之无缘，那就随它自去吧！**

小孩在一处平静之地玩耍，这时来了一位禅师，他给了小孩一块糖，于是，小孩非常高兴。

过了一会儿，禅师看见小孩哭得很伤心，就问他为什么要哭，那小孩说："我把糖丢了。"

禅师想："这小孩没糖时很平静，平白无故得到糖时很高兴，等到糖丢了时，便极度地伤心。那失去糖后，应与没得到糖时一样呀，又有什么伤心的呢！"

### 心灵咖啡屋

是啊！为什么要伤心呢？岁月会把拥有变为失去，也会把失去变为拥有。你当年所拥有的，可能今天正在失去，当年未得到的，可能远不如今天你正拥有的。有时候错过正是今后拥有的起点，而有时拥有恰恰是今后失去的理由。

## 22.
## 伟大如恺撒者，死后也是两手空空

快乐若来自于物欲的满足，是短暂而不幸的。物欲没有止境，人生就会永无宁日，为了无休止的私欲，注定得与四周环境为敌。而只有来自于心灵的快乐，才是永久而幸福的，才有宁静、恬淡、平和之感，才有欣赏良辰美景的内在之眼。

## 钱财身外物

何必为物欲所累，惶惶不可终日？须知，纵使金银砌满楼，死去何曾带一文？

从前有一个国王，名叫难陀。国王非常贪心，他拼命聚敛财宝，希望把财宝带到他的后世去。他心想："我要把全国的珍宝都收集起来，一点都不留。"因为贪婪，他把自己的女儿放在高楼上，吩咐奴仆说："如果有人带着财宝来求我的女儿，把这个人连他的财宝一起送到我这儿来！"他用这样的办法聚敛财宝，全国没有一个地方会留有宝物，所有的财宝都进了国王的仓库。

那时有一个寡妇，她只有一个儿子，心中很是疼爱。这儿子看见国王的女儿姿态优美，容貌俏丽，很是动心。可他家里穷，没法结交国王的女儿。不久，他生起病来，身体瘦弱，气息奄奄。他母亲问他："你害了什么病，病成这样？"

儿子把实情告知母亲："如果不能和国王的女儿交往，我必死无疑。"

"但国内所有的财宝都被国王收去了，到哪弄钱呢？"母亲又想了一阵，说道，"你父亲死时，口中含了一枚金币，如果把坟墓挖开，可以得到那枚金币，你用它去结交国王的女儿吧。"

儿子依母亲所言，挖开父亲的坟墓，从口中取出金币。随后，他来到国王女儿那里。于是，他连同那枚金币被送去见国王。国王问道："国内所有的财宝，都在我的仓库，你从哪里得来这枚金币？一定是发现地下宝藏了吧！"

国王用尽种种刑具，拷问寡妇的儿子，想问出金币的来处。寡妇的儿子辩解："我真没有发现地下宝藏。母亲告诉我，先父死时，放过一枚金币在口中，我就去挖开坟墓，取出了这枚金币。"

于是，国王派人去检验真假。使者前去，发现果有其事。国王听到使者的报告，心想："我先前聚集这么多宝物，想把它们带到后世。可那个死人却连一枚金币也带不走，我要这些珍宝又有何用？"

从此，国王不再敛财，一心教化民众，他的国家也因此日渐兴盛。

### ☕ 心灵咖啡屋

淡看富与贵。有所求的乐，如腰缠万贯，乃至一国之尊的富贵，是混沌和短暂的；无所求的乐，即"身心自由无欲求"的富贵心态，是一种纯粹和永恒的乐。

# 欲望负担

人们之所以活得累，就是因为眼睛总盯着名利不放，这样活着会很辛苦。很多时候执着也是一种负担，何不学着放下呢？放下了贪念，你就可以拥有真正的快乐。

在东方的一个国度里，有一对贫穷而善良的兄弟，他们靠每天上山砍柴过着艰辛的日子。一天，兄弟二人在山上砍柴时，正好遇见一只老虎在追咬一个老人。兄弟俩奋不顾身地与老虎搏斗，终于从老虎口中救下那位须发皆白的老人。而这位老人是一位神仙，他念及兄弟俩的善良和勇敢，于是许愿帮助他二人得到快乐，并让他们每人点一样物品，作为送给他们的礼物。

哥哥因为穷怕了，想要有永远用不完的金银财宝，于是，神仙送给他一个点石成金的手指，任何东西，只要他用这手指轻轻一触，就会立即变成金子。哥哥如愿以偿地成了富人，买了房子置了地，娶妻生子，过着十分富有的生活。

遗憾的是，金手指也成了他的一种负担。因为，只要他稍一不小心，他眼前的人和物就会在瞬间变成冷冰冰的、没有生命的金子。他甚至把他最宠爱的小女儿也变成了金子。朋友们都对他敬而远之，家人们也小心翼翼地防着他。守着取之不尽、用之不完的钱财，哥哥说不出自己是快乐还是不快乐。

而弟弟是一个单纯的人，他希望自己一辈子快快乐乐。于是，老神仙给了他一个哨子，并告诉他："无论什么时候，无论遇到什么事情，只要轻轻地吹一吹哨子，他就会变得快乐起来。"

弟弟还是像以前一样，过着艰苦的生活，仍然需要与各种艰难困苦进行抗争，仍然需要靠辛勤地劳动获取温饱。但是，每当他遇到一些不称心如意的事情的时候，他就取出那只哨子，那动听的声音就像一缕缕和煦的阳光，像一阵阵温暖的春风，驱走了他的忧伤和愁苦，给他带来快乐。

### 心灵咖啡屋

快乐是我们每一个人都在追寻的。这种追寻贯穿了我们的一生。然而，快乐的源泉在哪里，却不是每一个人都能找得到的。我们的心一直都在流浪旅行，我们从来没有走在回家的路上——因为我们永远不满足。

## 欲念陷阱

有多少人，因贪婪而身败名裂，甚至招致杀身之祸。驱使他们做出种种错误抉择的罪魁祸首就是不可控制的贪欲。

清朝开国初期，摄政王多尔衮为人非常贪婪，他一生为了追名逐利，争权夺势而不能自拔。多尔衮对于皇权之争真可谓煞费苦心，六亲不认。他的哥哥皇太极去世后，虽然已拥立其子福临（即顺治）为帝，但多尔衮欲篡夺皇位的野心丝毫没有削减。孝庄文太后为了稳住与抚慰多尔衮贪婪之心，让其儿子顺治帝封多尔衮为皇叔摄政王。但是，这并没有使多尔衮

## 22．伟大如恺撒者，死后也是两手空空

对孝庄文太后母子的这一恩赐买账。他一面在暗地里制作龙冠、龙袍，伺机谋篡夺位；另一面指使苏克萨哈、穆济伦等近侍策划"加封皇叔父摄政王为皇父摄政王，凡进呈本章旨意，俱书皇父摄政王"。

在清朝众多的摄政、辅政王中，仅此一人称"皇父摄政王"的尊号与殊荣。对此，不只是当朝文武诸臣大惑不解，就连友邦也深感费解，引起一些议论与猜测，乃至朝鲜国王说："实际上就是两个皇帝了。"

多尔衮随着权力的剧增，贪婪的胃口也日益增大，极尽追名逐利之能事，把福临之所以能登上大宝的功劳持为己有，把各王公在入主中原前后的战功也尽归于己。

由于多尔衮贪得无厌、利欲熏心，倚仗他的权势恣意横行，天人共怒。正所谓利深祸速，他去世不足半月，顺治帝就一反常态地向皇父多尔衮大肆施以夺权之举：先命手下大学士等朝臣闯进摄政王府悉缴信符之类悉入内库；继而又派吏部侍郎索洪等人把赏功册夺回大内；再把多尔衮十数款罪状公布于世之后，就"将伊母子并妻所得封典，悉行追夺。诏令削爵，财产入官，平毁墓葬"。

### 心灵咖啡屋

贪婪自私的人目光如豆，只看得见眼前的利益，看不见身边隐藏的危机，也看不见自己生活的方向。

# 金钱与生活

我们总是认为必须有钱才能享受生活，事实上享受生活只和你的心态有关，和你的金钱并没有太大的关系。

在一个美丽的海滩上，有一位不知从哪儿来的老翁，每天坐在固定的

一块礁石上垂钓。无论运气怎样，钓多钓少，两小时的时间一到，他便收起钓具，扬长而去。

老人的古怪行为引起了一位后生的好奇。一次，这位小伙子忍不住问："当您运气好的时候，为什么不一鼓作气钓上一天？这样一来，就可以满载而归了！"

"钓更多的鱼用来干什么？"老者平淡地反问。

"可以卖钱呀！"小伙子觉得老者傻得可爱。

"得了钱用来干什么？"老者仍平淡地问。

"你可以买一张网，捕更多的鱼，卖更多的钱。"小伙子迫不及待地说。

"卖更多的钱又干什么？"老者还是那副无所谓的神态。

"买一条渔船，出海去，捕更多的鱼，再赚更多的钱。"小伙子继续回答。

"赚了钱再干什么？"老者仍是显出无所谓的样子。

"组织一支船队，赚更多的钱。"小伙子心里直笑老者的愚钝不化。

"赚了更多的钱再干什么？"老者已准备收竿了。

"开一家远洋公司，不光捕鱼，而且运货，浩浩荡荡地出入世界各大港口，赚更多更多的钱。"小伙子眉飞色舞地描述道。

"赚更多更多钱还干什么？"老者的口吻已经明显地带着嘲弄的意味。

小伙子被这位老者激怒了，没想到自己反倒成了被问者。"您不赚钱又干什么？"他反击道。

老人笑了："我每天只钓两小时的鱼，其余的时间，我可以看看朝霞，欣赏落日，种种花草、蔬菜，会会亲戚朋友，优哉游哉，更多的钱对于我何用？"说话间，已打点行装走了。

### 心灵咖啡屋

抛弃了功利的思想，悠闲自在地在沙滩上垂钓，不用为钱耗费心力，不用与人钩心斗角，这是一种多么令人神往的人生境界！

22．伟大如恺撒者，死后也是两手空空

## 满脑子都是钱

金钱对某些人来说，可能很重要，但对某些人来说，一点也不重要。金钱不是万能的，它不能买到世间的一切。

小山次郎是一个地道的农夫，他终日守在自己的土地上辛勤地耕耘着，日出而作，日落而息，虽然生活并不富裕，但是不愁温饱，日子倒也过得和美快乐。有一天晚上，他梦见自己得到了10锭马蹄金，他从笑声中醒来后，并没有把这个梦放在心上。

可意想不到的是，第二天，小山次郎在耕地的时候，竟然真的挖出了5锭金子，他的妻子和儿女们都兴奋不已。可他从此后却变得闷闷不乐，整天心事重重。家人问他："为什么现在有钱了，反而不高兴了呢？"小山次郎回答说："我整天都在绞尽脑汁地思考：另外5锭马蹄金到底在哪儿呢？"

### 心灵咖啡屋

庆幸得到了金子，却失去了生活的快乐，有时真正的快乐是和金钱无关的。"人为财死，鸟为食亡"，如果把钱财看得太重，结果往往是对自己无益的。最终金钱不但不是为自己服务，自己反而被金钱所奴役。

## 真正需要的是什么

很多人都希望自己能过上富有、奢华的生活，然而当他们真的拥有了这一切时，却又发现自己并没有想象中快乐……

某地曾经发生过这样一件事：一对新婚夫妇从农村去城里打工，妻子

在一所学校附近开了一个小小的成衣铺，丈夫则在市场里卖蔬菜。两人挣得都不多，但维持日常的用度却也足够了。那时他们最大的愿望就是努力赚钱，在城里买个房子。有一天妻子路过一个彩票销售点，就顺手买了一张，没想到好运从天而降，她居然中了500万。夫妇二人高兴得不得了，这一辈子都可以吃喝不愁了。可是把钱放在哪儿呢？放在家里，两人就会每天提心吊胆。存在银行里的话，哪个银行可靠呢？存在谁的名头下呢？两人为这个问题吵了好久，几乎翻了脸。这还只是一个开始。以后的一段日子里，双方的亲戚朋友一批批地来找他们借钱，而且数目都不小，无奈之下两人只好一视同仁，无论来的是谁一律拒绝，不到一个月，亲戚朋友就得罪光了。这一夜，两人无言对坐，妻子摸了摸落满灰尘的缝纫机，眼泪突然流了下来：自己明明有了很多钱，为什么却觉得失去了很多？

### 心灵咖啡屋

金钱不应该是罪恶的根源，但如果金钱让人白天吃不香，夜里睡不着，那它就会成为戕害你的刽子手。对许多人来说，金钱不管拥有多少，总觉得还是不够，这就是过于贪婪了，太不值得。

## 23.
## 纵然迷惘，也要守住心中的善

善良无处不在，用心感受，就会体会到不同的善良。心存善意，就一定能够收获活着的意义；摒弃善意，生命将会暗淡无光，注定是匆匆人世走一遭，留不下一丝美好。所以，生活需要善良，做人更需要善良！

## 大爱无涯

　　众生皆怕刑害，自己亦怕刑害；众生皆怕死，自己亦怕死。人若能以此心，念自己之怕而想及其他众生之怕，则自己必不杀生，亦不教令人杀生。

　　饥饿不堪的人们围了两个山头，要把这个范围的猴子赶尽杀绝，不为别的，就为了肚子。零星的野猪、麂子已经解决不了问题，饥肠辘辘的山民把目光转向了群体的猴子。两座山的树木几乎全被伐光，最终一千多人将三群猴子围困在一个不大的山包上。猴子的四周没有了树木，被黑压压的人群层层包围，插翅难逃。双方在对峙，那是一场心理的较量。猴群不动声色地在有限的林子里躲藏着；人在四周安营扎寨，还时不时地敲击响器，大声呐喊，不给猴群以歇息机会。三日以后，猴群已经精疲力竭，准备冒死突围；人也做好了准备，开始收网进攻。于是，小小的林子里展开了激战，猴的老弱妇孺开始向中间靠拢，以求存活；人的老弱妇孺在外围呐喊，造出声势，青壮进行厮杀。彼此都拼出全部力气浴血奋战，说到底都是为了活命。战斗整整进行了一个白天，黄昏的时候，林子里渐渐平息下来，无数的死猴被收集在一起，各生产队按人头进行分配。

　　那天，有两个老猎人没有参加分配，他们俩为了追击一只母猴来到被砍伐后的秃山坡上。母猴怀里紧紧抱着自己的崽，匆忙地沿着荒寂的山岭逃窜。两个老猎人拿着猎枪穷追不舍，他们是有经验的猎人，知道抱着两个崽的母猴跑不了多远。于是他们分头包抄，和母猴绕圈子，消耗它的体力。母猴慌不择路，最终爬上了空地上一棵孤零零的小树。这棵树太小了，几乎禁不住猴子的重量，绝对是砍伐者的疏忽，他根本没把它看成一棵树。上了树的母猴再无路可逃，它绝望地望着追赶到跟前的猎人，更坚定地搂住了它的崽。

　　绝佳的角度，绝佳的时机，两个猎人同时举起了枪。正要扣扳机，他们看到母猴突然做了一个手势。两人一愣，分散了注意力，就在犹疑间，只见母猴将背上的、怀中的小崽儿，一同搂在胸前，喂它们吃奶。两个小东西大约是不饿，吃了几口便不吃了。这时，母猴将它们搁在更高的树杈上，自己上上下下摘了许多树叶，将奶水一滴滴挤在叶子上，搁在小猴能够够到的地方。做完了这些事，母猴缓缓地转过身，面对着猎人，用前爪捂住了眼睛……

母猴的意思很明确：现在可以开枪了……

母猴的背后映衬着落日的余晖，一片凄艳的晚霞和群山的剪影在暮色中摇曳。两只小猴天真无邪地在树梢上嬉戏，全不知危险近在眼前。

猎人的枪放下了，永远地放下了……

### 心灵咖啡屋

人权往前推演一步，就是动物权，就是承认众生平等，承认动物也有其生存和发展的权利。于是，人本主义被质疑。凭什么以人为中心，以人的意志和利益来规定这个世界的秩序？凭什么以人的无节制的欲望，来剥夺动物的生存和发展的权利？所谓善，不应该有人与动物之分，更不该有疆界为限。

# 生杀大权

**人作为万物之灵长，总是以自己所占的优势去践踏和摧残那些无辜的生命。**

一座山上住着一位很有智慧的和尚，山下的村里有什么疑难问题，村民们都上山来向他请教。

村民们说没有任何事情能难住老人家。

有一个聪明又调皮的孩子想故意为难那位和尚，他捉住了一只小鸟，握在手中，跑去问和尚："大和尚，听说您是最有智慧的人，但我却不相信。假如您能猜出我手中的鸟是活的还是死的，我就相信了。"

和尚注视着小孩子狡黠的眼睛,心中有数。假如自己回答小鸟是活的,小孩会暗中加劲把小鸟掐死;假如回答小鸟是死的,小孩定会张开双手让小鸟飞走。

和尚于是拍拍小孩的肩膀说:"这只小鸟的死活,就全看你的了。"

### 心灵咖啡屋

一个小孩就可以决定一只小鸟的生死。人类是否可以重新审视一下自己的天性和良知?人类为了自己的生存,遵循物竞天择、弱肉强食的生存规则是无可厚非的,否则,我们就只能自取灭亡。但我们绝不能因为自己是万物之灵长就像那个小孩一样任意将其他的生命握在手中,用我们的意志去决定它们的生死。因为那是一种罪、一种恶,而且是大恶。

# 穿山甲的母爱

一些动物,能够以生命的刻骨震撼对母爱做出终极诠释,就像我们人类一样。

穿山甲被捕获以后,出于恐惧或是自卫的本能,总是把躯体紧紧蜷缩着,卷成一圈。一般购买程序是这样的:买主选定以后,卖方便用力把穿山甲拉直,开膛破肚,取出内脏丢弃,将身躯清理干净,再用铁夹夹着放到火盆里烤灼,直到其身体上的鳞甲全部脱落。

那天货源颇丰,围栏里放满了许多卷成圈的大小不一的穿山甲。我们便拣大的挑了几只,并声称要亲眼看着宰杀才放心。

一个小伙提起最肥的一只,动作娴熟地准备把它拉直,费了半天力,却怎么也无法把那蜷缩的躯体拉开。这下所有人惊奇,那小伙十分尴尬,便一下又一下把那穿山甲往地面上摔去,边摔边解释说,穿山甲遇痛就会将躯体伸张开。不承想连摔几下,眼见它原本惊恐的小眼睛早已闭合,尖尖的嘴角挂出一缕鲜红的血丝，身体却始终未见张开，反而越蜷越紧。我们不忍卒睹，便摇手示意作罢。那小伙兀自不甘心，直接拿铁钳夹了放到火盆上灼烧。待到鳞甲脱尽，焦味弥漫，那穿山甲仍然保持原状。这下小伙黔驴技穷，对我们无奈地摇摇头，说这只穿山甲一定有了什么毛病，不可食用，随即顺手将其甩落在身后的沙土地上。接下来另选的两只宰杀工作都十分顺利，不到5分钟便完成了。

我们给小伙钱，却十分意外地发现，原先那只被丢弃在地上的穿山甲竟慢慢地伸直了躯体，把眼睛眯开一条线，接着一阵抽搐，僵硬挺直，彻底没了气息。随着它躯体的伸展，我们震惊地看到，在它摊平的肚皮上，竟蠕动着一只粉嫩透明的小穿山甲，只有老鼠大小，身上的脐带仍与母体相连，小嘴慢慢张合，仿佛在无声地呼唤着母亲。这场景惊得所有人目瞪口呆。刹那间，我只觉得热血翻涌，须发皆张，泪水翻滚在眼眶。那只母穿山甲自身体重不超过十斤，却用血肉之躯历经摔打与灼烧，至死护卫着自己的孩子，被烤至半熟，竟还能保得孩子的周全。那份精神之力，早已超越了生命的极限。

### ☕ 心灵咖啡屋

动物尚且如此，可是有些人呢？不知那些诞下生命，却又将其弃之不顾的"父母"，你们可曾想过给孩子一个对你微笑的机会？

# 侠骨侠情

他缔造了一个属于自己的江湖，他是万千读者追捧的偶像，他的名字叫古龙。然而，古龙除了有惊世骇俗的才华，更有着超越常人的处世智慧和宽广胸襟。

经过多年艰辛地打拼之后，古龙终于在文坛拥有了自己的一席之地。武

侠小说的一代宗师金庸先生更是对他推崇不已。两人相识之后，就常常结伴同游。后来，古龙因为一些债务原因，手头有些拮据，金庸先生便帮他联系了一个日本的出版商。对方非常欣赏古龙的才华，便邀请二人当面晤谈。

　　双方见面之后，会谈并没有想象中那么顺利。因为文化的差异，彼此先是在讨论文学创作上有了分歧，接着，古龙发现对方在客气的外表下总是透着一股傲慢，尤其是对中国当代文学，很有些看不上眼。场面有些尴尬，金庸先生总是大度地微笑着缓和紧张的气氛，古龙的话越来越少，渐渐沉默起来。

　　酒过三巡，对方的酒兴渐渐高涨起来，不停地催服务生上清酒。古龙和金庸两人都有些不胜酒力了，便开始推辞起来。不料对方忽然露出了鄙夷的神色，一语双关地说道："你们中国的小说家也不过如此嘛！"

　　金庸连忙转过头，紧张地看着血气方刚的古龙。让他没想到的是，古龙并没有暴跳如雷，而是微笑着缓缓说道："这么小的杯子怎么能尽兴呢？来，换脸盆喝！"说着，他亲自取来三个脸盆摆在大家面前，然后用清酒倒满自己面前的脸盆，高高举起。"干！"说着，他端起脸盆，仰头就喝了起来，坐在一旁的金庸惊得说不出话来，日本出版商更是傻了眼。古龙喝到一半，对方连忙跑过来拉住他，嘴里不停地说道："古先生，我佩服你！不要再喝了！"

　　事后，日本出版商再也没有过傲慢的表现。金庸悄悄问酒醒后的古龙，真的能喝得下那么多酒吗？古龙憨笑着告诉他，其实自己也喝不了那么多酒。只是他一直觉得，对善待自己的人，自己就必须还以善良；对待轻视自己的人，就必须坚决反击，何况是事关作家的尊严和民族感情。

　　从那之后，金庸先生不止一次在朋友面前提起这件事情，并且一再表示，古龙身上的侠气精神让他一生都无法忘记。

### 心灵咖啡屋

　　古龙的争，不是莽夫之争，而是血性之争，为自身尊严而争，为民族荣誉而争，更加让人佩服一生一世。血性与宽容，是苍鹰的两只翅膀。不争，不足以立志；不让，不足以成功。

## 地狱与天堂

分享是一个人在社会上通行的"特许令"，如果你懂得分享、乐于分享，那么，你将在社会上畅通无阻！

一位虔诚的牧师得到天使允许，前去参观天堂与地狱。

天使先将他领入一个房间，对其说道："这里就是地狱。"

牧师放眼看去，只见许多人正围着一口热气腾腾的大锅干坐。他们面黄肌瘦，口水直流，眼中直放绿光，却始终无法进食。原因就在于，他们每人手里虽有一只汤勺，但勺柄太长，根本无法将食物送进口中。

牧师长叹一声，又随天使来到天堂。

牧师惊奇地发现，天堂与地狱的陈设竟然一模一样，同样是一群人围着一口冒着蒸汽的大锅，每人手中同样握有一把勺柄极长的汤匙。所不同的是，这里人全部精神饱满，面色红润，有吃有喝，有说有笑，显得极为快乐。

牧师不解，问天使："为什么相同条件下，这里的人充满快乐，而那边的人却愁眉不展呢？"

天使微笑着说："难道你没有发现，那边的人都只顾着自己，宁远饿死，也不肯相互合作，而这里的人都懂得喂对方吗？"

### 心灵咖啡屋

天堂与地狱只是一线之隔，学会分享，你就会置身于天堂之中；放不下自私的情结，你就只能在地狱中沉沦。试问，没有爱的地球，又与一座死城有何异？

## 善者无私

没有任何私心杂念，完全是因为一念之善，这样的施与才是真正的慈善，无论你的施与多么微不足道，都是该得善报的。

这里有一个施善得报的故事。

有一次，佛托着钵出来化缘，遇到两个小孩在路上玩沙子。他们看见佛，就站起来非常恭敬地行礼，其中一个孩子抓起一把沙子放在佛的钵盂里，说："我用这个供养你！"

佛说："善哉！善哉！"

另外一个孩子也抓起一把沙子放在佛的钵盂里。佛就预言，若干年后，一个是英明的帝王，一个是贤明的宰相。

百年后，一个孩子当了国王，就是历史上有名的阿育王；另一个就是他的宰相。在典籍中，关于阿育王的史实与传说很多。比如，他曾经打败东征的亚历山大；他建的一座寺曾经飞到中国来，就是浙江宁波的阿育王寺。

阿育王的一把沙子就得到了这么大的回报，很多人向寺庙里捐金捐银，什么好处也没见到。原因无他，越有所求越得不到。

这不仅是佛法，也是做人的道理！

### 心灵咖啡屋

在佛的三大布施原则中，最重要的是至诚之心。你不是因为他有权有势，不是因为他长得漂亮，不是因为他将来可能有出息，不是因为想炫耀自己。

## 24. 原谅别人，就是给自己心中留下空间

在这个世界上，我们各自走着自己之路，熙熙攘攘，难免会有碰撞。即使是最和善的人，偶尔也会触伤别人。朋友背叛了我们、父母辱骂了我们、兄弟离开了我们，这都伤害了我们的心。而这一切，你都不该耿耿于怀，因为它深深印在你的记忆中，只会继续伤害你的心。

## 大肚能容，了却人间多少事

忍受常人所不能忍受的，宽容常人所不能宽容的，处理别人所不能处理的。只有心胸开阔，才可以宽容别人；只有忠厚仁义，才可以容纳万物。

一尊数百年前的弥勒佛，因年久失修而残损，于是寺里请来佛工为其修缮。当佛工揭开弥勒佛的腹部，准备加固翻新时，在场的方丈和僧侣们无不惊愕动容——弥勒佛的腹里居然装着十二个男女老少的陶俑！

有这样一副楹联专为弥勒佛祖所写：满腔欢喜，笑开古今天下愁；大肚能容，了却人间多少事。没错，它说的就是弥勒佛，见过弥勒佛的人，往往都会陶醉于佛主无与伦比的朗笑，更羡慕佛主的超级大肚子，但又有几人能够参透其中的禅意呢？

佛主容人所不能容，容尽天下苍生，这是何等伟大的胸怀！这才是宽容的真谛，更是一种令人感动的仁爱。亦如法国作家雨果所说："世界上最宽广的是海洋，比海洋更宽广的是天空，比天空更宽广的是人的胸怀。"我们或许无法做到佛主那般博怀，但至少我们可以为自己的心灵创设一种大格局，忍人所不能忍，容人所不能容，若如此，则我们必能处人所不能处。

### ☕ 心灵咖啡屋

天空可以收容每一片云彩，无论其是美是丑，所以天空辽阔无边；泰山能容纳每一块石砾，不论其大小，所以泰山一览众山小；沧海不择细流，故而能就其深；人若能容他人所不能容，则必是人中之佛。

## 学会遗忘与原谅

当我们忘记了怨愤,学会了遗忘和原谅,就会发现,原本我们心中那些所谓的不公,其实根本不值一提,因为它在我们的一生之中,是那么的微不足道。

在某个村落中,陈、赵两家是三代世仇,两户人家一碰面,经常上演全武行。有一天傍晚,老陈与老赵从市集出来,恰巧在返村的路上撞见了。仇人见面,倒没开打,不过,也各自保持距离,互相不搭理对方。两人一前一后走在小路上,相距约有几米之远。

当时,天色已经相当昏暗,又赶上乌云蔽月,路确实不好走。走着走着,前面的老赵突然"哎呀"一声惊叫,原来是他掉进了溪沟里。老陈看见后,连忙赶了过去,心想:"无论如何总是条人命,咋能见死不救呢?"

老陈赶来时,只见老赵在溪沟里浮浮沉沉,双手伸出水面不断挣扎着。这时,急中生智的老陈连忙折下一段柳枝,迅速将枝梢递到老赵的手中。

老赵被救上岸后,感激地说了一声"谢谢",然而猛一抬头后才发现,原来救自己的人居然是仇家老陈。

老赵怀疑地问:"为什么要救我?"

老陈说:"为了报恩。"

老赵一听,更为疑惑:"报恩?恩从何来?"

老陈说:"因为你救了我啊!"

老赵丈二和尚摸不着脑袋,不解地问:"咦?我什么时候救过你啦?"

老陈笑着说:"刚刚啊!因为这条路上,今晚只有我们两个人一前一

后。刚才你遇险时，若不是'哎呀'一声，我肯定也跟着掉下去了。大老爷们，哪有知恩不报的道理呢？所以，我这是在报恩啊！"

这时，月亮从乌云中露出脸来，在月光的照射下，地面上映着老陈与老赵的影子。当年曾互相打斗过的双手，如今却紧紧地握在了一块儿。

### 心灵咖啡屋

谅解犹如火把，能照亮由焦躁、怨恨和复仇心理铺就的道路。谅解可以挽回感情上的损失，谅解可以产生人生的奇迹！

## 将仇恨化作美好

人生当中，你用仇恨回报仇恨，得到的往往是更多的仇恨。你用宽容和慈悲回报仇恨，却能化解仇恨。

1994年9月的一天，在意大利境内的一条高速公路上，一对美国夫妇带着7岁的儿子尼古拉·格林正驾车向一个旅游胜地进发。突然，一辆菲亚特轿车超过他们，车窗内伸出几支枪管。一阵射击之后，他们的儿子中弹身亡。

这对夫妇本应该痛恨这个国家，因为在这块土地上他们失去了爱子。可是，悲伤过后，他们做出一个令人震惊的决定：把儿子健康的器官捐献给意大利人！在意大利，即使是正常死亡的本国公民自愿捐献器官的也很罕见。于是，一个15岁的少年接受了尼古拉的心脏，一个19岁的少女得到了他的肝脏，一个20岁的妇女换上了他的胃，另外两个孩子分别得到了他的两个肾。5个意大利人在这份生命的馈赠中得救了。这件轰动一时的事足以令所有的意大利人汗颜！1994年的10月4日，意大利总统斯卡尔法罗将一枚金奖章授予这对美国夫妇，为他们容纳百川的胸怀以及悲天悯人的情操，还有以德报怨的人生境界。

### 心灵咖啡屋

仇恨带给人们的灾难太深重了，应该怎样把仇恨化作一种美好呢？这对美国夫妇为人们做了一个成功的榜样。他们的爱子在异国无辜暴死，可他们的理智却抑制了仇恨的烈焰，并依然做出了惊世骇俗的决定，使5个年轻人获得了重生，使冤死的儿子永远活在意大利人的心中！

# 忘记伤口

化解仇恨的最好方法是：主动向对方示好，解开对方的心结。若能如此，你离圣人的境界便不远了。

小沙弥去担水，回来的路上被蛇咬伤。回到寺院处理好伤口以后，小沙弥找到一根长长的竹竿，准备去打蛇。慧清法师见状，忙过来询问。小沙弥将事情的来龙去脉对慧清法师讲明。法师问事发地点在哪里，小沙弥说在寺院北坡的草地。

慧清法师又问道："你的伤口还疼吗？"小沙弥回答不疼了。

"既然不疼了，为什么还要去打蛇？"

"因为我恨它！"

"它咬疼了你，你就恨它，那你踩疼了它，它也恨你，也该咬你。你们双方因恨结怨，可你是人，你该早些放下心头的仇恨。"

小沙弥一脸的不服："可我不是圣人，做不到心中无恨。"

慧清法师微微笑道："圣人不是没有仇恨，而是善于化解仇恨。"

小沙弥抢白说："难道说我把被蛇咬当作被松果打中脑袋，或者半路被雨淋一样，我就成了圣人？如此说来，做圣人也太容易了吧！"

慧清法师摇摇头:"圣人不仅懂得化解自己的仇恨,更善于化解对头的仇恨。"

小沙弥怔住了,呆呆地望着慧清法师。

法师说:"世人对待仇恨有三种做法。第一种是记仇,等于在心里搁了一块土坷垃,自己总是生活在恨意带来的痛苦中;第二种是尽快忘掉仇恨,还自己平和与快乐,等于把土坷垃弄碎,在上面种了花;第三种是主动与仇人和解,解开对方的心结,等于是摘下花朵赠给对头。能做到第三种,就与圣人的境界差不远了。"

小沙弥点点头。

不久,北坡草地上出现了一条高于地面的窄窄的石板路,那是小沙弥修建的,之后这里再也没有发生过蛇伤人的事情。

### 心灵咖啡屋

做人不应该只是记着仇恨,而是懂得如何忘记并且化解仇恨。达到圣人的境界并不难,只要能够宽容别人的错误,留给别人快乐和平安就够了。当我们都不再为仇恨而耿耿于怀的时候,这个世界便多了许多美好光明,少了许多恩怨纠纷。

# 放下屠刀,立地成佛

做错事的人,未必就是十恶不赦之徒。很多所谓的恶人,在认识到自己的恶业以后,便发愿走上佛道,终得转入正途。

很久以前,有一个穷凶极恶的地方官吏,名字叫赵朗,字公明,他的主要职责就是负责地方上的税务收纳。这赵朗为人贪婪、恶毒,又偏爱吃鸡,每到一家收税,定要人家杀鸡给他吃,否则就要多收钱粮,甚至还会

## 24．原谅别人，就是给自己心中留下空间

拳脚相加。百姓怕官，对此一直敢怒不敢言。

一日，赵朗来到大源乡桥头村，要求一户农家杀鸡给他吃，可是这家只有一只带一窝小鸡的老母鸡。显然，这只老母鸡无法吃，赵朗也只好作罢。于是这家人开始在小风炉里煮竹笋给他吃，正当竹笋下锅之时，母鸡突然飞上风炉，将锅打翻，这下子赵朗连笋也吃不成了。再看那只母鸡，竟然也被火烧去了许多羽毛。赵朗深感蹊跷——风炉上生着火，母鸡怎么会不要命地去打翻锅子。于是，赵朗便问主人家这笋从何来，对方将他带到挖笋的竹林，只见一条蕲蛇（本地最毒之蛇）盘在原处。眼见此情此景，赵朗当即泪如雨下，双膝跪地，仰声长叹："天要亡我，又何救我！"

原来，上苍有意要灭他这鱼肉百姓的"税务官"，遂遣蕲蛇来咬竹笋，在笋上留下剧毒。多亏母鸡不计前嫌，大仁大义，奋不顾身，救了他一命。

从此，赵朗辞去公职，遁入空门，一心向善。他来到位于香菇寮村与方山岭村之间的一个小庙，此庙原有一位老和尚，非常清贫，对弟子也极其严格，规定每7天才准烧一次饭，吃一餐。赵朗就在这种情况下，追随了师父21年，恪守清规戒律，为周围乡民排解了不少忧难。

那日，又到了开斋之日，然而由于多日未曾生火，庵中已无火种，赵朗只好到方山岭村去借火种。来到方山岭村时，由于多日未曾进食，赵朗身体已经非常虚弱，村民见状给了他一团糯米饭，并借了火种给他。赵朗手中拿着糯米饭，想到师父已经多日未吃，快要饿死，便不顾自己饥肠辘辘，快步向庙中走去。在距离寺庙不远之处，忽有一只猛虎扑面而来。赵朗毫无惧色，凛然说道："畜生，你若是想吃我就张开嘴等着，等我将饭食送与师父，自会回来钻入你的口中。"老虎摇头，赵朗又道："畜生，你若是想做我的坐骑，就伏在地上，待我将饭食送与师父，便来骑你。"话音一落，虎屈膝伏身，点头。赵朗迅速将糯米饭送给师父，并生了火，返身来到老虎身边，骑上。刹那间，云雾升腾，瑞气四射，老虎腾空而起，逐渐没入云端。其师步出庙门，对空朗道："阿弥陀佛！终于度你成佛了。"

这赵朗就是中国民间所供奉的大尊财神——黑虎玄坛赵公明。

后人有诗云：万恶做尽鸡不究，化得善心水长流，七日一食遁空门，骑虎成佛天共久。

### 心灵咖啡屋

"人之初，性本善"，没有人天生就是大奸大恶之徒。倘若有人误入迷途，我们若能以德报怨，忽视他所作之恶，以慈悲之心感化他，或许就会唤醒他们埋在灵魂深处的爱和良知。

# 冤冤相报何时了

以仇恨对仇恨，仇恨就永远也无法解除，人若是带着仇恨的心，死时仍会将仇恨带到下辈子去。

我们来看一个带有寓言性质的佛教故事。一位吃人女巫极力想追捕一位圣人的女儿和她的婴儿。当圣人的女儿知道释迦牟尼在寺院宣扬教义时，她去拜访佛陀，并将她儿子放在他的脚下，请求他的祝福。那位吃人女巫原本被禁止进入寺院，但在释迦牟尼的示意下，女巫也获准入内。释迦牟尼同时为吃人女巫和圣人之女赐福。

释迦牟尼说她们俩的前世中，有一人一直无法怀孕，所以她的丈夫娶了另一个女人。当大老婆知道另一个女人怀孕时，她将药放入食物中，使另一个女人流产了。她一再使用这个伎俩，直到第三次使得会怀孕的女人因此而死亡。在死之前，那位不幸的女人在盛怒下，诅咒她将报复大老婆和她的后代。

因此，她们因过去的竞争中所引发的不和，导致世世代代带着仇恨，相互残害对方的婴儿。女巫想杀死圣人之女的婴儿，只不过是深植心中的仇恨的延伸罢了。仇恨只会带来更多的仇恨，只有爱心、友谊、谅解和善心能消弭仇恨。在明了自己的错误后，她们接受了释迦牟尼的劝告，决定和平相处。

### ☕ 心灵咖啡屋

佛说："慈心，是亲爱和好的心，希望他人有幸福，是无量心，是大丈夫心。要做什么事，都要有爱心；要说什么话，都要有爱心；要想什么事，都要有爱心。这样做，爱心会支持这世界，会使世界有福乐、和敬同住、不相疑忌、不相仇视。这样，全世界会美好起来，一切众生，亦都是很安乐的。"

## 以德报怨，最为难得

做人之该做之事，虽为善，是不昧良心，不谓难得；做人之不能做，以德报怨，恕敌之过，是为难能可贵。

很久以前，有一位虔诚的佛教信徒一生为善。信徒年迈之时，为了让儿子们多一些人生历练，多掌握一些为人之道，便令3个儿子出门远游。老人说："你们3个今日出门，半年以后再回来，沿途要多做善事，并将最得意的一件告知与我。我要看你们三人谁最为善，谁更让人敬佩。"3个儿子听完以后，点头称是，随后便动身出门了。

春去秋来，半年时间已至，3个儿子亦依言一一回到家中，老人遂问起他们这半年内哪一件事最为得意。

大儿子先说："我在途中结识了一个商人，他很信任我，将满满一袋子珠宝交给我保管。其实，珠宝的数量连他自己都不清楚，我若是随便拿出几颗，他也不得而知。但是我并没有这么做，后来他向我要时，我原封

不动地还给了他。"

老人听完大儿子的讲述以后，淡淡说道："这本是你应做之事，若是你昧着良心暗中拿他几颗，你与盗贼又有何异？"大儿子闻言，觉得是这么个理，便悄然退了下去。

二儿子接着说道："那天我路过西凉河，看到有一个小孩不慎落入水中，我未作多想便跳入河中，救了他一命。他的家人要以厚礼作为报答，被我拒绝了。"

老人听后依旧淡淡地说："这也是你应该做的事。所谓救人一命胜造七级浮屠，但如果你见死不救，与杀人又有何异？你这辈子心里能够安宁吗？"二儿子听后，也认可了老人的说法，遂不再作声。

最后轮到小儿子，只听他说道："有一天，我发现一个病人晕倒在悬崖边，只一翻身就很有可能会跌落山涧，摔个粉身碎骨。于是我走向前去，准备将他救离险境。但到了近前我才发现，他竟然是我的仇敌！此前，我几次想要收拾他，可惜都没有得到机会。这一次，我举手投足间便可将他置之死地，但我不愿意暗中害人，于是把他救醒，又将他送到了家中。"

听到这里，老人终于露出了笑容："你两个哥哥做的虽说也是善事，但也是为人之本，你能以德报怨，这才是最难得的啊！"

### 心灵咖啡屋

佛陀说："对愤怒的人，以愤怒还牙，是一件不应该的事。对愤怒的人，不以愤怒还牙的人，将可得到两个胜利：知道他人的愤怒，而以正念镇静自己的人，不但能胜于自己，也能胜于他人。"这就是宽恕的力量。

## 25. 不要让忌妒毁掉你的幸福

一切忌妒的火，都是从燃烧自己开始。忌妒者内心充满痛苦、焦虑、不安与怨恨，这些情绪久久郁积于内心，就会导致内分泌系统功能失调，心血管或神经系统功能紊乱，甚至破坏消化系统、血液循环系统的正常运行，会使大脑皮层下丘脑垂体激素、肾上腺皮质类激素分泌增加，使血清素类化学物质降低，引起多种疾病，如神经官能症、高血压、心脏病、肾病、肠胃病等，从而影响身心健康。所以说，忌妒不仅是我们成功的障碍，更是我们健康的杀手。自你将忌妒种在心里的那一刻起，你的幸福感就逐渐消失了。

## 忌妒是妖魔

"您要留心忌妒啊，那是一个绿眼的妖魔"。忌妒是"心灵的疾病"，它是摧毁灵魂的毒药！

两个重病患者同住在医院的一间病房里，病房只有一扇窗。靠窗的那个病人遵医嘱，每天坐起来一小时，以排除肺部积液，但另外一个却只能整天仰卧在床上。

两个病人天天在一起。他们互相将自己的妻子、儿女、家庭和工作情况告诉了对方，也常常谈起自己的当兵生涯、假日旅游，等等。此外，靠窗的那个病人每天下午坐起时，还会把他在窗外所见到的情景一一描述给同伴听，借以消磨时光。

就这样，每天下午的这一小时，就成了躺在床上那个病人的生活目标。他的整个世界都随着窗外那些绚丽多彩的活动而扩大和生动起来。他的朋友对他说：窗外是一座公园，园中有一泓清澈的湖水，水上嬉戏着鸭子和天鹅，还穿行着孩子们的玩具船；情侣们手挽手地在湖边的花丛中漫步，巨大的老树摇曳生姿，远处则是城市美丽的轮廓……随着这娓娓动听的描述，他常常闭目神游于窗外的美妙景色之中。

一天下午，天气和煦。靠窗的那个病人说，外面正走过一支娶亲队伍。尽管他的同伴并没有听到乐队的吹打声，但他的心灵却能够从那生动的描绘中看到一切。这时，他的脑海中突然冒出了一个从未有过的想法："为什么他能看到这一切、享受这一切，而我却什么也看不见？好像不公平嘛！"这个念头刚刚出现时，他心里不无愧疚。然而日复一日，他依然什么也看不见，这心头的妒忌就渐渐变成了愤恨。于是他的情绪越来越坏

## 25. 不要让忌妒毁掉你的幸福

了,他抑郁烦闷,夜不能寐。他理当睡到窗户旁去啊!这个念头现在主宰着他生活中的一切。

一天深夜,当他躺在床上睁眼看着天花板时,靠窗的那个病人猛然咳嗽不止,听得出,肺部积液已使他的病友感到呼吸困难。当病友在昏暗的灯光下吃力挣扎着想按下呼救按钮时,他在一边的床上注视着、谛听着,但却一动也不动,甚至没有按下身旁的按钮喊来医生,病房里只有沉寂——死亡的沉寂。

翌日清晨,日班护士走进病房时,发现靠窗的那个病人已经死去。护士感到一阵难过,但随即便唤来杂役将尸体搬走——既不费事,也无须哭泣。当一切恢复正常以后,剩下的那个病人说,他希望能够移到靠窗的床上。护士自然替他换了床位。把病人安置好以后,护士就转身出去了。

这时,病房里只有他一个人。他吃力地、缓缓地支起上身,希望一睹窗外的景色——他马上就可以享受到窗外的一切景色了,他早就盼望这一时刻的到来了!他吃力地、缓缓地转动着上身向窗外望去……

窗外,只有一堵遮断视线的高墙。对美好生活的向往支持着他与病魔抗争的坚强信念,靠窗的病人一直在诉说着一个美丽的谎言,支持病友也支持自己。然而,人性的天敌——忌妒毁掉了这个美丽的谎言,也毁掉了这两个病人。当忌妒的光芒强大起来时,希望之光也随之暗淡。

### 心灵咖啡屋

"忌妒是一种恨,这种恨使人对他人的幸福感到痛苦,对他人的灾殃感到快乐。"当这种恨燃烧得猛烈时,它的力量足以毁掉一切。

## 心中有把刀

如果固执地坚持自己的利益，只会出现粗暴和不平衡的解决方法，从而引发不可逆转的分裂。

从前，有两位很虔诚、很要好的教徒，相约一起到遥远的圣山朝圣。两人背上行囊、风尘仆仆地上路，誓言不达圣山朝拜，绝不返家。

两位教徒走啊走，走了半个月后，遇见一位白发年长的圣者。圣者看到这两位如此虔诚的教徒千里迢迢前往圣山朝圣，就十分感动地告诉他们："从这里距离圣山还有十天的路程，但是很遗憾，我在这里就要和你们分手了；而在分手前，我要送给你们一个礼物！什么礼物呢？就是你们当中一个人先许愿，他的愿望一定会马上实现；而第二个人，就可以得到那愿望的两倍！"

听后，其中一教徒心里想："这太棒了，我心中早有一个愿望，但我不要先讲，因为如果我先许愿，我就吃亏了，他就可以有双倍的礼物！不行！"而另外一教徒也自忖："我怎么能先讲，让我的朋友获得加倍的礼物呢？"于是，两位教徒就开始推让起来，"你先讲嘛！""你比较年长，你先许愿吧！""不，应该你先许愿！"两位教徒彼此推来推去，不一会儿，两人就开始不耐烦起来，气氛也变了："你干吗！你先讲啊！""为什么我先讲？我才不要呢！"

两人推到最后，其中一人生气了，大声说道："喂，你真是个不识相、不知好歹的人哪，你再不许愿的话，我就把你的狗腿打断，把你掐死！"

另外一人一听，没有想到他的朋友居然变脸，竟然来恐吓自己！于是想，你这么无情无义，我也不必对你太有情有义！我无法得到的东西，你也休想得到！于是，这一教徒干脆把心一横，狠心地说道："好，我先许愿！我希望——我的一只眼睛——瞎掉！"

很快，这位教徒的一只眼睛马上瞎掉了，而与他同行的好朋友，则立刻瞎掉两只眼睛，变成了盲人！

### 心灵咖啡屋

人性中的狭隘，就像一把看不见的钢刀，不仅会刺瞎你的眼睛，还会刺瞎你的心！如果让人类的这种心态恶性循环下去，所有美好的东西都将成为忌妒的陪葬品。这种由褊狭、自私而萌生的忌妒显然是消极的。

## 忌妒他人是在毁自己

有的人以为只是忌妒一下没什么大不了，可是却不知忌妒如果不加以控制，走了极端，可是会让人失去理智，犯下大错的。

秦朝的李斯集大学者、大权谋家、大政治家于一身，可是偏偏有着一副忌妒心极强的个性。

李斯是非常有能力的人，韩非子是他的师弟。在出师的时候，他们的老师当面说李斯的才能超过韩非，但暗地里却警告韩非："李斯为人善妒，他的才能不如你，但是我之所以说你不如他，是不想他因此忌妒你，免得以后对你不利。你以后一定不能和他共事，否则难免惹祸上身。"

可是韩非没有把老师的话放在心上，后来投奔秦始皇，因其才能而被秦始皇器重，引来了李斯的忌妒。李斯屡次在秦始皇面前进谗言，秦始皇有一次发怒把韩非关了起来。李斯趁机暗害了韩非，等秦始皇后悔要把韩非放出来时，韩非已经成了一具冰冷的尸体。

对于与自己意见相左或是才干比自己强的人，李斯总是会想办法对付他的。淳于越也是一个有才干的人，他一再上书坚持实行分封制，激怒了秦始皇，秦始皇把他交给李斯处理。而李斯审查的结果却非常奇怪：认为

淳于越泥古不化、厚古薄今、以古非今等罪状都是由于读书，尤其是读古书的缘故，竟建议秦始皇下令焚书。

按李斯的建议，凡秦记以外的史书，凡是博士收藏的诗、书、百家语等书都要统统烧掉，只准留下医药、卜筮、种树之书。此后，如果有人再敢谈论诗书，就在闹区处死，并暴尸街头；有敢以古非今的人，全族处死；官吏知道而不检举者，与之同罪；下令三十天内仍不烧书者，面上刺字，并征发修筑长城。

毫无疑问这是对中国文化的一次大摧残，也是对人类文明的一次极大的污辱。第二年，即公元前212年，秦始皇又下令将咸阳的儒生460多人活埋，即为"坑儒"事件。

李斯这么做，固然是为了迎合秦始皇的心理，把秦始皇要做的事推向极端；但另一方面，李斯也是为了从精神到物质上彻底消灭自己的竞争对手，使天下有才之士望秦却步，他也就可以独行秦廷了。

公元前210年，秦始皇病死于出巡途中，赵高和李斯串通掌握大权，害死了太子扶苏，令胡亥即位。赵高和李斯本是互相利用的关系，后来钩心斗角、排除异己也就成为必然。李斯平时不善结交，没什么人缘，关键时刻也没人来帮他，后来就被赵高陷害下狱了。最后，李斯被在面上刺字，再割去鼻子，再截去左右趾，然后被杀，最后又从腰中斩断，砍为肉泥，其余族党一并处斩。

综观李斯的一生，他为秦始皇统一中国出谋划策，为建立县制力驳群儒，其功劳不可埋没。但是他的一生同时也是劣迹斑斑，害死韩非，促成"焚书坑儒"，他的忌妒、贪婪是其悲惨结局的罪魁祸首。

### 心灵咖啡屋

忌妒二字，似乎很多人都无法免去。看到同学比自己成绩好，会忌妒；看朋友衣服比自己的华丽，会忌妒；看同事业绩比自己高，会嫉妒……忌妒总是来得轻而易举，但去得却不容易。而最好的方法，就是静下心来，不给忌妒泛滥的余地。

## 夫妻妒影

*如果忌妒已然让人杯弓蛇影,草木皆兵,那未免有些太过可笑。*

有一对夫妇,他们的心胸很狭窄,总爱为一点小事争吵不休。有一天,妻子做了几样好菜,想到如果再来点酒助兴就更好了。于是她就拿瓢到酒缸里去取酒。

妻子探头朝缸里一看,瞧见了酒中倒映着的自己的影子。她也没细看,一见缸中有个女人,以为是丈夫对自己不忠,偷着把女人带回家来藏在缸里,忌妒和愤怒一下子冲昏了她的头脑,她连想都没想就大声喊起来:"喂,你这个混蛋死鬼,竟然敢瞒着我偷偷把别的女人藏在缸里面。你快过来看看,看你还有什么话说?"

丈夫听了糊里糊涂的,不知道发生了什么事情,赶紧跑过来往缸里瞧,看见的是自己的影子。他一见是个男人,也不由分说地骂起来:"你这个坏婆娘,明明是你领了别的男人回家,暗地里把他藏在酒缸里面,反而诬陷我,你到底安的是什么心眼!"

"好哇,你还有理了!"妻子又探头往缸里看,见还是先前的那个女人,以为是丈夫故意戏弄她,不由勃然大怒,指着丈夫说:"你以为我是什么人,是任凭你哄骗的吗?你……你太对不起我了……"妻子越骂越气,举起手中的水瓢就向丈夫扔过去。

丈夫侧身一闪躲开了,见妻子不仅无理取闹还打自己,也不甘示弱,于是还了妻子一个耳光。这下可不得了,两人打成一团,又扯又咬,简直闹得不可开交。

最后闹到了官府,官老爷听完夫妻二人的话,心里顿时明白了大半,就吩咐手下把缸打破。一个侍卫抢起大锤,一锤下去,葡萄酒从被砸破的

大洞汩汩流了出来。不一会儿，葡萄酒流光了，缸里也就没有人影了。

夫妻二人这才明白他们忌妒的只不过是自己的影子而已，心中很是羞惭，于是就互相道歉，重又和好如初了。

### 心灵咖啡屋

看似笑话，却引人深思。如果我们因为忌妒而猜疑，因忌妒而过早下结论，那么，或许就永远无法了解事情的真相了。

## 周瑜之死

"忌妒犹如一只苍蝇，经过身体的一切健康部分，而停止在创伤的地方。"

东汉末年，官渡一役令曹操声威大震，日益强盛起来。他先灭河北袁绍，又以不可挡之势先后灭掉几个大小诸侯，将刘备赶得几乎无处依身，最后又盯上了虎踞江东的孙权。曹操势大，诸葛亮遂提出联孙抗曹之论，刘备然之。于是，诸葛亮只身入东吴，舌战群儒、智激孙权，终于促成东吴结盟。

诸葛亮在吴期间，东吴都督周瑜忌诸葛亮之才，一心剪除以绝后患，但均被诸葛亮洞察先机一一化解，由此妒意愈深。

赤壁一战，凭诸葛亮、周瑜之智，得庞统、徐庶相助，火烧连环船，杀得曹军尸横遍野、血染江河。若不得关羽华容道义释，曹军几近覆灭。得意之余，周瑜欲乘胜而进，吞并曹操在荆州的地盘，谁知却被诸葛亮捷足先登。周瑜不甘，意欲强攻，又被赵云射回，自己还中了一箭。

此后，东吴几次追要荆州均无功而返。周瑜不禁心生一计，与孙权密谋假嫁妹，骗刘备入东吴，再图之。可惜，此计又未能逃过诸葛亮的眼睛。他授予赵云三个锦囊，最终使得周瑜"赔了夫人又折兵"。

终于，周瑜按捺不住，欲"借道伐虢"，一举灭掉刘备，却被深谙兵法的诸葛亮挡回，并书信一封讥讽周瑜。周瑜原本气量狭小，三气之下终于长叹一声"既生瑜，何生亮"，追随孙策而去。

### 心灵咖啡屋

忌妒别人就证明自己不如别人，是在贬低自己，你为什么要做这种傻事呢？其实根本无须忌妒别人，将精力、时间、智慧集中起来做好自己的事情，你一定会从生活中得到自己的一分收获。

# 为对手喝彩

对手于我们而言，是风、是雨，虽然会带给我们些许痛苦，但风雨过后，多是绚丽的彩虹！

当年乔丹在公牛队时，年轻的皮蓬是队里最有希望超越他的新秀。年轻气盛的皮蓬有着极强的好胜心，对于乔丹这位领先于自己的前辈，他常常流露出一种不屑一顾的神情，还经常对别人说乔丹哪里不如自己，自己一定会把乔丹击败一类的话。但乔丹没有把皮蓬当作潜在的威胁而排挤他，反而对皮蓬处处加以鼓励。

有一次，乔丹对皮蓬说："你觉得咱俩的三分球谁投得好？"

皮蓬不明白他的意思，就说："你明知故问什么，当然是你。"

因为那时乔丹的三分球成功率是28.6%，而皮蓬是26.4%。但乔丹微笑着纠正："不，是你！你投三分球的动作规范、流畅，很有天赋，以后一定会投得更好。而我投三分球还有很多弱点。你看，我扣篮多用右手，而且要习惯地用左手帮一下。可是你左右手都行。所以你的进步空间比

我更大。"

　　这一细节连皮蓬自己都不知道。他被乔丹的大度给感动了，渐渐改变了自己对乔丹的看法。虽然仍然把乔丹当作竞争对手，但是更多的是抱着一种学习的态度去尊重他。

　　一年后的一场 NBA 决赛中，皮蓬独得 33 分（超过乔丹 3 分），成为公牛队中比赛得分首次超过乔丹的球员。比赛结束后，乔丹与皮蓬紧紧拥抱着，两人泪光闪闪。

　　而乔丹这种"甘为竞争对手喝彩"的无私品质，则为公牛队注入了难以击破的凝聚力，从而使公牛王朝创造了一个又一个神话。

### 心灵咖啡屋

　　请不要痛恨、忌妒你的对手，因为没有对手，你将极易在狂妄中迷失，在自满中堕落。退一步说，倘若没有对手，你的成功又有什么值得炫耀？它还会令你如此兴奋吗？

## 26.
## 做好事，不能少我一人；做坏事，不能多我一人

人之善恶不分轻重。一点善是善，只要做了，就能给人以温暖。一点恶是恶，只要做了，也能给人以损害，而最重要的是对自己的道德品质的影响。所以，生活中我们必须从一点一滴之间要求自己，做到为善。只有这样，我们才不至于在人生的沟沟坎坎中马失前蹄。

## 诸恶莫做，诸善奉行

人之善恶不分轻重。一点善是善，只要做了，就能给人以温暖。一点恶是恶，只要做了，也能给人以损害。

白居易为官时曾去拜访鸟窠道林禅师，他看见禅师端坐在鹊巢边，于是说："禅师住在树上，太危险了！"

禅师回答说："太守，你的处境才非常危险！"

白居易听了不以为然地说："下官是当朝重要官员，有什么危险呢？"

禅师说："薪火相交，纵性不停，怎能说不危险呢？"意思是说，官场浮沉，钩心斗角，危险就在眼前。

白居易似乎有些领悟，转个话题又问道："如何是佛法大意？"

禅师回答道："诸恶莫做，众善奉行。"

白居易听了，以为禅师会开示自己深奥的道理，没想到只是如此平常的话，便失望地说：

"这是三岁孩儿也知道的道理呀！"

禅师说："三岁孩儿虽道得，八十老翁却行不得。"

白居易被禅师一语惊醒。

"勿以善小而不为，勿以恶小而为之。"谁都知道这个道理，但能够做到的人却很少。

### 心灵咖啡屋

佛说："愚昧之人，其实亦知善业与恶业之分别，但时时以为是小恶，作之无害，却不知时时作之，积久亦成大恶。犹水之一小滴，滴入瓶中，久之，瓶亦因此一滴一滴之水而满。故虽小恶，亦不可作之，作之，则有恶满之日。"

26. 做好事，不能少我一人；做坏事，不能多我一人

## 象牙筷子

一点一滴之间要求自己，做到为善，只有这样，我们才不至于在人生的沟沟坎坎中马失前蹄，断送我们本该美好的前途。

商纣王刚登上王位时，请工匠用象牙为他制作筷子，他的叔父箕子十分担忧。因为他认为，一旦使用了稀有昂贵的象牙做筷子，与之相配套的杯盘碗盏就会换成用犀牛角、美玉石打磨出的精美器皿。餐具一旦换成了象牙筷子和玉石盘碗，你就千方百计地享用牛、象、豹之类的胎儿等山珍美味了。在尽情享受美味佳肴之时，你一定不会再去穿粗布缝制的衣裳，住在低矮潮湿的茅屋下，而必然会换成一套又一套的绫罗绸缎，并且住进高堂广厦之中。

箕子害怕演变下去，必定会带来一个悲惨的结局。所以，他从纣王一开始制作象牙筷子起，就感到莫名地恐惧。事情的发展果然不出箕子所料。仅仅只过了五年光景，纣王就穷奢极欲、荒淫无度地度日。他的王宫内，挂满了各种各样的兽肉，多得像一片肉林；厨房内添置了专门用来烤肉的铜烙；后园内酿酒后剩下的酒糟堆积如山，而盛放美酒的酒池竟大得可以划船。纣王的腐败行径苦了老百姓，更将一个国家搞得乌七八糟，最后终于被周武王剿灭而亡。

### ☕ 心灵咖啡屋

"千里之堤，溃于蚁穴"，如果对小的贪欲不能及时自觉并且有效地修正，终将因为无底的私欲酿成灾难，小则身败名裂，大则招致亡国。我们要时常依照好的准则来检点自身的言行和思想，从善如流，否则等出现不良后果再深深痛悔都已太晚！

## 远离冷漠

**当你保持冷漠,就和周围一切远离,当你遇到困难,也不会有人帮你……**

那天,陈慧和妹妹给出差的哥哥看家。夜里 11 点,她们被一阵剧烈的敲门声惊醒。陈慧惊骇地披衣下床,大声问:"谁?"

没有人回答,敲门声却未停。巨大的声响在寂静的冬夜里显得粗暴又放肆。

妹妹也下了床,在她身后惊慌地张望。陈慧壮胆又喊了一句:"不说话我要叫人了。"

敲门声骤然停顿一下,接着便更加疯狂地响了起来。极度的恐惧让她们不敢通过猫眼去看看是什么"东西"在作怪。房内还没装电话,与外界联系的唯一方法只能靠她们的声音了。陈慧和妹妹冲到阳台上,用发抖的声音大喊:"来人呀,有贼撬门,救命呀……"

传达室里出来几个人。然而,他们只是朝五楼的她们看了一眼,便回传达室继续玩牌去了。她们清楚地看到左邻右舍仍有未熄灯者,但她们的呼救声就像军营熄灯号一样,令周围顿时陷入一片漆黑。罪恶的敲门声掺和着两个女孩的绝望求救声,整整持续了半个钟头。没有听到任何回应,夜显得如此狰狞。

当一切都沉寂下来,陈慧与妹妹颤抖着抱成一团,彼此只听到对方"突突"的心跳。她们穿戴整齐地坐在床上,床头放着两把从厨房里找到的、发着寒光的菜刀。

第二天,愤怒的哥哥终于查出事情的真相:住在楼下的一个先生醉了酒,认错了房间,以为妻子不给他开门……一个月后,哥哥辞了这份收入颇丰的"铁饭碗",理由只有一个:他不能让自己处在一个漠视生命的群体中。

这回,保守的父母没有再拦他……

### ☕ 心灵咖啡屋

人与人之间应是相互关怀、相互帮助的,任何人都不可能脱离社会而存在。当别人需要帮助时,我们应该怎么办,是漠视还是给予一些热情?

# 佛度有缘人

善恶只不过是因缘的变化而已,没有永远的善,也没有永远的恶,都是不长久的,都会变化。

有一位年轻和尚不论晴天或风雨天,不论早晨或黄昏,总是默默地站在大树下托钵化缘。尽管路口霓虹闪烁,车马喧嚣,他总是紧闭双目,纹丝不动地伫立着,他的神态与毅力,深深地令人折服。

树下常有两三位蓬头垢面、敝衣褴褛的小孩在追逐嬉戏。有一次,两个小孩竟公然窃取和尚钵里的缘金,而和尚却视若无睹。

其实,小孩的偷窃行为并非"偶然",而是一种"习惯"。和尚的缘金竟成了他们固定的一种收入。

几天后,那位和尚仍然默默地站在那儿化缘,但旁边多了两位小沙弥。原来竟是那两位偷窃缘金的小孩。

### ☕ 心灵咖啡屋

善恶都是相对立而起的,是不断变化的,在禅者眼里只不过是世人空幻的名相罢了。他那里只讲众生平等,不论贤愚。所以不要妄加指责谁恶谁愚。

## 每天为别人做一件善事

若是我们能够对生活充满感恩，一直以友好的态度对待他人，常怀善心，多替别人做善事，则我们的人生必定是幸福的。

以前有一位国王，他非常疼爱自己的儿子。缘于父亲的权利，这位年轻王子向来没有一件欲望不能得到满足，真可谓要风得风、要雨得雨。然而，即便如此，王子却时常紧锁眉头，面容戚戚，少现笑容于脸上。

国王对此忧心忡忡，遂下旨招募能人，声明谁能让王子得到快乐，就一定会加以重赏，要官亦可，要钱也无妨。圣旨刚一公布，便引来众多"能人"，这其中包括滑稽大师、杂技大师、博学者，等等，但始终没有一人能够逗得王子一笑。众人束手无策，唯有灰溜溜地一一离去。

有一天，一个大魔术家走进王宫，他对国王说："我有方法能使王子快乐，能将王子的戚容变作笑容。"国王很高兴："假使能办成这件事，你要任何赏赐，我都可以答应。"

魔术家将王子领入一间私室，用白色"不明物"在一张纸上涂了几笔。随后，他将那张纸交给王子，让王子走入一间暗室，然后燃起蜡烛，看看纸上会出现什么。话一说完，魔术家便走了。

这位年轻王子依言而行。在烛光的映照下，他看见那些白色的字迹化作美丽的绿色，最后变成这样几个字："每天为别人做一件善事！"王子遵从魔术家的劝告，很快成了全国最快乐的少年。

### 心灵咖啡屋

每天为别人做一件善事，你一定会寻找到生活的另一种意义；每天为别人做一件善事，在你向别人表达善意的同时，他们也会给予你相应的回报，你亦会因此而收获快乐，有时，甚至会得到意想不到的收获。

## 27. 君子如水，随方就圆，无处不自在

身上事少，自然苦少；口中言少，自然祸少；腹中食少，自然病少；心中欲少，自然忧少！大悲无泪，大悟无言。缘来要惜，缘尽就放。君子如水，随方就圆，无处不自在。

## 含蓄不露，便是好处

古人说："含蓄不露，便是好处。"这其实也是做人一大诀窍，做人、说话，还是含蓄一点好。

宋朝知益州的张咏与寇准是多年的至交好友，他听说寇准当上了宰相，就对自己的部下说："寇准奇才，惜学术不足尔。"这句话一语中的。寇准为人正直，有着很高的智慧和办事能力，但是知识面不够宽，这就会极大地限制寇准才能的发挥。因此，张咏很想找个机会劝老朋友多读读书，因为身为宰相，关系到天下的兴衰，理应学问更广泛些。

恰巧时隔不久，寇准因事来到陕西，而刚刚卸任的张咏也从成都来到这里。老友相会，格外高兴。寇准设宴款待张咏，等到分别的时候，寇准问张咏："何以教准？"也就是问张咏有没有什么事情要指教自己的。张咏对此早有所考虑，正想趁机劝寇准多读书。可是他转念一想，寇准现在是一人之下万人之上，如果自己直截了当地说他不爱读书没学问，那不仅会让寇准没面子，而且如果被别人听去，还可能作为攻击寇准的把柄。于是他沉吟了一下，慢条斯理地说："《霍光传》不可不读。"

当时寇准没弄明白张咏说的是什么意思，但是老朋友的话一定另有深意。于是回到相府，寇准赶紧找出《汉书·霍光传》，他从头仔细阅读，当读到"光不学无术，谋于大理"这句时，才恍然大悟，自言自语地说："这就是张咏要告诫我的事啊。"

是啊，当年霍光任过大司马、大将军要职，地位相当于宋朝的宰相，他辅佐汉朝立有大功，但是居功自傲，不好学习，不明事理。这与寇准有某些相似之处。因此寇准读了《霍光传》，也就明白了张咏的用意，并接受了他的意见。

寇准是北宋著名的政治家，为人刚毅正直，思维敏捷，深受名士嘉许，但缺点就是不注重学习，影响了自己才能的进一步发挥。张咏对他的劝告可谓用意深切，而寇准的领悟也是很准确的。

### 心灵咖啡屋

人性的弱点之一是贪图一时之快，很多人都认为忠言直谏才是君子所为，但是，如果你要劝导的人没有那么宽广的心胸，你的一腔热忱和好意不免反而引人不快，所以能让忠言不逆耳，实在是大智慧、大修养、大气度、大学问。

## 忘记那些不愉快

人的本性中有一种叫作记忆的东西，美好的容易记着，不好的则更容易记着。所以大多数人都会觉得自己不是很快乐。

1861 年，屠格涅夫的新作《父与子》脱稿了，他邀请托尔斯泰到自己的庄园来，把稿子给他看。午餐后，托尔斯泰拿起稿子躺在沙发上看，但越看越觉得兴趣索然，渐渐地不禁掩卷入梦。当他醒来后，发现屠格涅夫刚刚背转过身子出了门，当天便没有再进来。

第二天，诗人费特邀请他们二人到家中做客。席间，屠格涅夫对自己女儿的家庭教师大加称赞，因为她教导自己的女儿为穷人补衣服，为慈善事业捐款。

不料，托尔斯泰对屠格涅夫的话很是不以为然，居然带着讽刺的口吻说："我设想一位穿着华贵的小姐，膝上放着穷人破烂的衣服，这实在是在表演一幕不真实的舞台剧。"

屠格涅夫本就对托尔斯泰昨天看稿的表现有所不满，此时一听他这么说，顿时气不打一处来，便怒不可遏地大声咆哮起来："这么说，是我把女儿教坏了？"

托尔斯泰也不示弱，针锋相对地予以反驳。于是，两个人在客厅里从争吵到互相推搡，后来互相抓住对方的头发，乒乒乓乓地大打出手。

就因为这么一件区区小事，两位大作家的关系自此以后中断了 17 年。

直到1878年，托尔斯泰在经历了长期的内疚和不安后，主动写信给屠格涅夫表示歉意。他写道："近日想起我同您的关系，我又惊又喜。我对您没有任何敌意，谢谢上帝，但愿您也是这样。我知道您是善良的，请您原谅我的一切！"

屠格涅夫立即回信说："收到您的信，我深受感动。我对您没有任何敌对情感，假如说过去有过，那么早已消除，只剩下了对您的怀念。"

一场积聚多年的冰雪终于化解了。不过，此后不久，另一件事又差点使他们的关系再次陷入僵局。幸运的是，吃一堑长一智，他们这次都知道如何避开了。

这一年，在托尔斯泰的盛情邀请下，屠格涅夫到勃艮纳庄园做客。有一天，托尔斯泰请客人一起去打猎。屠格涅夫瞄准一只山鸡，"砰"地开了一枪。

"打死了吗？"托尔斯泰在原地喊道。

"打中了！您快让猎狗去捡。"屠格涅夫高兴地回答。

猎狗跑过去之后很快便回来了，但却一无所获。"说不定只是受了伤。"托尔斯泰说，"猎狗不可能找不到。"

"不对！我看得清清楚楚，'啪'的一声掉下去，肯定死了。"屠格涅夫坚持说。

他们虽然没有吵架，但山鸡失踪无疑给两个人带来了不快之感，仿佛二人之中有一个说了假话。可是，这一次他们都意识到不应再争执下去，便把话题转向别处，尽量在愉快的消遣中打发时光。

当天晚上，托尔斯泰悄悄地吩咐儿子再去仔细搜索。事情终于弄清楚了：山鸡的确被屠格涅夫一枪打中了，不过正好卡在了一枝树杈上面。

当孩子们把猎物带回来时，两位老朋友简直开心得像孩童一般，相视大笑。

### 心灵咖啡屋

人的记忆对人本身是一种馈赠，同时也是一种惩罚，心胸宽阔的人用它来馈赠自己，心胸狭窄的人则用它惩罚自己。

27．君子如水，随方就圆，无处不自在

## 让舌头打个弯

可是，如果说得太直，别人往往不会采纳，反而给自己惹来不必要的麻烦。有时，我们不妨让舌头打个弯，只要方法得当，就不怕自己的意见不被采纳。

明宪宗十分信任欺上瞒下的太监汪直，并任命他为西厂的总管。汪直掌握了大权后，不分昼夜地刺察官民的动向，还常常牵强附会，胡乱定罪，被他投进大牢的人不计其数。一时间民怨沸腾，朝廷诸臣却敢怒不敢言。皇上不但觉得汪直对自己忠心耿耿，极力重用，而且对巴结汪直的左都御史王越和辽东巡抚陈钺两人也宠爱有加。这两个官员倚仗汪直的权势专横跋扈，不但不择手段地排挤和他们意见分歧的朝臣，还陷害了不少正直刚烈的大臣。由于这三个人，上至朝廷官员，下至黎民百姓，个个人心惶惶，国家一片纷乱。

而明宪宗对此毫无觉察，许多一心为国的正直大臣向他进谏，揭露汪直三人的专横，陈说他们权势过重的危害和仇怨众多的严重性，可是宪宗对此却充耳不闻，觉得是其他大臣对自己的忠臣心生忌妒、蓄意诽谤。因此只要有前来劝谏的大臣，他都断然拒见或者厉声呵斥。

阿丑早就对汪直等人的恶行深恶痛绝，但见到诸大臣直谏不行，反而碰一鼻子灰，他一个小太监更没资格去进谏了，搞不好还会被砍头。于是，他决定寻机委婉地劝谏宪宗。

一天，宪宗前来看阿丑演戏。阿丑装扮成了一个酗酒者，只见这个醉鬼跌跌撞撞地四处走动，指天指地地谩骂，耍着酒疯。另外一个扮演过路人的戏子上台了，只见过路人慌忙上前，搀扶着醉鬼，说："某官到了，你还在这儿游荡，是大不敬啊！"

醉鬼置若罔闻，依然我行我素。过路人又对他说："御驾到了！我们赶快回避吧！"醉鬼依然谩骂不止，不理不睬。过路人又说："宫中汪大人到了。"

醉鬼立即慌了手脚，酒也醒了大半，紧张地环顾四周，寻找躲避的地方。过路人好奇地问："皇帝你尚且不怕，还怕汪太监？"醉鬼慌忙捂住过路人的嘴巴，低声说："不要多嘴！汪太监可不是好惹的，我怕他！"宪宗看到这里不禁紧锁眉头，联想起以前大臣们的进谏，他若有所思，一会儿就离开了。

第二天，皇上又来看戏，并且点明要看阿丑的戏。阿丑心知这是皇上看进去了自己昨天的表演，便按照自己的计划把排练好的第二出戏搬上了戏台。

这一次，阿丑竟然装扮成汪直，穿上西厂总管的官服，昂首挺胸，左右手各拿一把锋利的斧头。只见"汪直"在路上行走，其态如螃蟹，四处横行。又有过路人问："你走个路还拿两把斧子，不知有何用处？""汪直"立即露出不屑一顾的表情说："你何以连钺都不认识，这哪儿是斧！分明是钺！"过路人又问："就算是钺，你持钺何故？""汪直"扬扬得意地笑道："我今日能大行其道，全仗着这两钺呢，它们可不是一般的钺！"过路人好奇地问："不知它们有何特殊之处？您的两钺为何名？""汪直"哈哈大笑道："你真是孤陋寡闻，连王越、陈钺都不知道吗？"

明宪宗听后也哈哈大笑，看罢戏，宪宗立即下达诏书，撤去汪直、王越和陈钺的官职，谪贬外地。

### 心灵咖啡屋

当权者往往不容别人质疑自己的智慧，而说他宠信的人是奸臣，其实也等于是说他没有识人之明。所以这种时候不要直言进谏，最好是想个方法让他自己明白错误。

# 不争功、不掠美

功劳未必非我不可，功利之心也不必太强。在你把功劳让给同事的一刹那，你就已经赢得了同事和上司的尊重。

齐景公得了肾炎病，虽然不是很严重，但已经十几天卧床不起了。这

## 27．君子如水，随方就圆，无处不自在

天晚上，他突然梦见自己与两个太阳搏斗，结果败下阵来，惊醒后竟吓出了一身的冷汗。

第二天，晏子来拜见齐景公。齐景公不无担忧地问晏子："我在昨夜梦见自己与两个太阳搏斗，我却被打败了，这是不是我要死了的先兆呢？"晏子想了想，就建议齐景公找一个占梦人进宫，先听听他是如何圆这个梦的，然后再做道理。齐景公于是委托晏子去办这件事。

晏子出宫以后，立即派人用车将一个占梦人请来，占梦人问："您召我来有什么事呢？"晏子遂将齐景公做梦的情景及其担忧告诉了占梦人，并请他进宫为之圆梦。占梦人对晏子说："那我就反其意对大王进行解释，您看可以吗？"晏子连忙摇头说："那倒不必。因为大王所患的肾病属阴，而梦中的双日属阳。一阴不可能战胜二阳，所以这个梦正好说明大王的肾病就要痊愈了。你进宫后，只要照这样直说就行了。"

占梦人进宫以后，齐景公问道："我梦见自己与两个太阳搏斗却不能取胜，这是不是预兆我要死了呢？"占梦人按照晏子的指点回答说："您所患的肾病属阴，而双日属阳，一阴当然难敌二阳，这个梦说明您的病很快就会好了。"

齐景公听后，自然大喜，由于放下了思想包袱，加之合理用药和改善饮食，不出数日，果然病就好了。为此，他决定重赏占梦人。可是占梦人却对齐景公说："这不是我的功劳，是晏子教我这样说的。"齐景公又决定重赏晏子，而晏子则说："我的话只有由占梦人来讲，才有效果；如果是我直接来说，大王一定不肯相信。所以，这件事应该是占梦人的功劳，而不能记在我的名下。"

最后，齐景公同时重赏了晏子和占梦人，并且赞叹道："晏子不与人争功，占梦人也不隐瞒别人的智慧，这都是君子所应具备的可贵品质啊。"

### 心灵咖啡屋

我们需要保持这样一种平和心态——既不夺人之功，也不掠人之美，真诚相让，这种谦谦君子之风是很值得我们效法和发扬的。你做得到，你便会得到众人的赏识。

## 己欲立而立人，己欲达而达人

自己要站得住，同时也使别人站得住，自己要事事行得通，同时也使别人事事行得通。

太阳还未升起前，庙前山门外凝满露珠的春草里，跪着一个人："师父，请原谅我。"

他是城中最风流的浪子，十年前，却是庙里的小和尚，极得方丈宠爱。方丈将其毕生所学全数传授，希望他能成为出色的佛门弟子。但他却在一夜间动了凡心，偷下山门，五光十色的都市迷乱了他的双眼。从此花街柳巷，他只管放浪形骸。

夜夜都是春，却夜夜不是春。十年后的一个深夜，他陡然惊醒，窗外月色如水，澄明清澈地洒在他的掌心。他忽然深深忏悔，披衣而起，快马加鞭赶往寺里。

"师父，你肯饶恕我，再收我做弟子吗？"

方丈痛恨他的辜负，也深深厌恶他的放荡，只是摇头："不，你罪孽深重，必堕阿鼻地狱。要想佛祖饶恕，除非……"方丈信手一指供桌，"连桌子也会开花。"

浪子失望地离开。第二天早上，当方丈踏进佛堂的时候，惊呆了：一夜之间，供桌上开满鲜艳的花朵，红的、白的，每一朵都芳香逼人。

方丈在瞬间大彻大悟。他连忙下山寻找浪子，却已经来不及了，心灰意冷的浪子又恢复了他原来的荒唐生活。而供桌上开出的那些花朵，也只开放了短短的一天。

### 心灵咖啡屋

"君子宽以待人，严于责己"，我们与人交往时，对于对方的要求不可过分，不强求于人，而应能让人时且让人，能容人处且容人。

# 28. 幸福其实很简单

幸福是什么？不是富甲天下名声好，不是青春常驻永不老，不是红粉佳人怀中抱，不是福福祸祸早知道。幸福就是口渴了喝杯茶水润润喉，无聊时与朋友聊聊天，饥饿时买个面包填填肚，烦恼时听听音乐轻轻松，疲倦时靠在椅上打个盹。幸福就是这么简单。

## 饥来吃饭，困来即眠

饥来吃饭，困来即眠，便是禅了。

据说从前有一位大珠慧海禅师，他的修行已经达到了非常高的境界，远近皆知，很多人都慕名前来请教禅理。一天，一位来自律宗的有源律师前来拜访慧海禅师。

有源律师问慧海禅师："禅师，您的境界这么高，修道用功有何秘诀？"

慧海禅师回答："我没什么特别的方法，每一天只是饥来吃饭，困来即眠。"

有源律师有些不解，问道："每个人也都是吃饭睡觉，那岂不是和禅师一样在修行用功了吗？"

慧海禅师说："不一样！"

有源律师继续问道："怎么不一样？不都是吃饭睡觉吗？"

慧海禅师说："我和他们当然不一样。一般人吃饭时不肯吃饭，百般思索；睡觉时不肯睡觉，千般计较，所以有所不同！"

### 心灵咖啡屋

生活本来就是很简单，肚子饿了就吃饭，乏了、困了就睡觉，再简单不过的事情，却被世人弄得那般复杂。

## 处处都是幸福

幸福就是你为所拥有的感到满足；幸福就是今早起床时身体健康，没有疾病，因为这已经比几百万的病人更幸运；幸福就是从未尝试过战争的危险、牢狱的孤独。

有这样一家人，父母都老了，三个女儿，只有大女儿大学毕业有了工作，其余的两个女儿还都在上高中。家里除了大女儿的生活费可以自理外，其余人的生活压力都落在了父亲肩上。但这一家人每个人的感觉都是快乐的。晚饭后，父母一同出去散步，和邻居们拉家常，两个女儿则去学校上自习。到了节日，一家人团聚到一块儿，更是其乐融融。家里时常会传出孩子们的打闹声、笑声。邻居们都羡慕地说："你们家的几个闺女真听话，学习又好。"这时他们的眼里就满是幸福的笑。其实，在这个家里，经济负担很重，两个女儿马上就要考大学，需要一笔很大的开支。家里又没有一个男孩子做顶梁柱，但女儿们却能给父母带来快乐，也很孝敬。父母也为女儿们撑起了一片天空，让她们在飞出家门之前不会感受到任何凄风冷雨。所以，他们每个人都是快乐和幸福的。

### 心灵咖啡屋

其实幸福很简单，去工作，而不过于以挣钱为目的；去爱而忘记所有别人对你的不是；去跳舞而不管是否有人在关注；去唱歌而不想着是否有人在听；去生活就想这世界便是天堂。这样，我们就会发现生活中其实处处都有幸福。

## 幸福很简单

在五光十色的现代世界中，应该记住这样古老的真理：活得简单才能活得自由。

住在田边的蚂蚱对住在路边的蚂蚱说："你这里太危险，搬来跟我住吧！"路边的蚂蚱说："我已经习惯了，懒得搬了。"几天后，田边的蚂蚱去探望路边的蚂蚱，却发现它已被车压死了。

原来掌握命运的方法很简单，远离懒惰就可以了。

一只小鸡破壳而出的时候，刚好有只乌龟经过，从此以后，小鸡就打算背着蛋壳过一生。它受了很多苦，直到有一天，它遇到了一只大公鸡。

原来摆脱沉重的负荷很简单，寻求名师指点就可以了。

一个孩子对母亲说："妈妈你今天好漂亮。"母亲问："为什么？"孩子说："因为妈妈今天一天都没有生气。"

原来要拥有漂亮很简单，只要不生气就可以了。

一位农夫，叫他的孩子每天在田地里辛勤工作，朋友对他说："你不需要让孩子如此辛苦，农作物一样会长得很好的。"农夫回答说："我不是在培养农作物，我是在培养我的孩子。"

原来快乐很简单，只要放弃多余的包袱就可以了。

### 心灵咖啡屋

简单地做人，简单地生活，想想也没什么不好。金钱、功名、出人头地、飞黄腾达，当然是一种人生。在灯红酒绿、推杯换盏、斤斤计较、欲望和诱惑之外，不依附权势，不贪求金钱，心静如水，无怨无争，拥有一份简单的生活，不也是一种很惬意的人生吗？

## 知足是福

> 凡事没有最好，只有更好。你若得陇望蜀，那么就永远也无法获得满足。

古希腊哲学家苏格拉底还是单身的时候，和几个朋友一起住在一间只有七八平方米的房子里，但他却总是乐呵呵的。有人问他："和那么多人挤在一起，连转个身都困难，有什么可高兴的？"

苏格拉底说："朋友们在一起，随时都可以交流思想、交流感情，难道不是值得高兴的事情吗？"

过了一段时间，朋友们都成了家，先后搬了出去。屋子里只剩下苏格拉底一个人，但他仍然很快乐。那人又问："现在的你，一个人孤孤单单的，还有什么好高兴的？"

苏格拉底又说："我有很多书啊，一本书就是一位老师，和这么多老师在一起，我时时刻刻都可以向他们请教，这怎么不令人高兴呢？"

几年后，苏格拉底也成了家，搬进了七层高的大楼里，但他的家在最底层，底层的环境是非常差的，既不安静，也不安全，还不卫生。那人见苏格拉底还是一副其乐融融的样子，便问："你住这样的房子还快乐吗？"

苏格拉底说："你不知道一楼有多好啊！比如，进门就是家，搬东西方便，朋友来玩也方便，还可以在空地上养花种草，很多乐趣呀，只可意会，无法言传。"

又过了一年，苏格拉底把底层的房子让给了一位朋友，因为这位朋友家里有一位偏瘫的老人，上下楼不方便，而他则搬到了楼房的最高层。苏格拉底每天依然快快乐乐。那人又问他："先生，住七楼又有哪些好处呢？"

苏格拉底说："好处多着呢！比如说吧，每天上下几次，这是很好的锻炼，有利于身体健康。光线好，看书写字不伤眼睛，没有人在头顶干

扰,白天黑夜都非常安静。"

### 心灵咖啡屋

其实,知足也无非是在一念之间,当你得到了生命中正常所需,你感到满足,那么快乐即会随之而来;相反,倘若你所求的过多,永远不肯停止索求的脚步,那么你将很难感受到快乐。

## 生命需要的仅仅是一颗心脏

健康是人的幸福最重要的成分,人的幸福十之八九有赖于健康的身心。

1936年,美国好莱坞影星利奥·罗斯顿在英国一次演出时,因患心肌衰竭被送进了伦敦一家著名的医院——汤普森急救中心。他的疾病起因于肥胖,当时他体重385磅,尽管抢救他的医生使用了当时医院最先进的药物和医疗器械,但最终还是没有能够挽留住他的生命。他在临终时不断自言自语,一遍遍重复道:"你的身躯很庞大,但你的生命需要的仅仅是一颗心脏。"

汤普森医院的院长为一颗艺术明星过早地陨落而感到非常伤心和惋惜,他决定将这句话刻在医院的大楼上,以此来警策后人。

1983年,美国的石油大亨默尔在为生意奔波的途中,由于过度劳累,患了心肌衰竭,也住进了这家医院。一个月之后,他顺利地病愈出院了。出院后他立刻变卖了自己多年来辛苦经营的石油公司,住到了苏格兰的一栋乡下别墅里去了。1998年,在汤普森医院百年庆典宴会上,有记者问前来参加庆典的默尔:"当初你为什么要卖掉自己的公司?"默尔指着刻在大楼上的那句话说:"是利奥·罗斯顿提醒了我。"

后来在默尔的传记里写有这样一句话:"巨富和肥胖并没有什么两样,不过是获得了超过自己需要的东西罢了。"

### 心灵咖啡屋

财利,是人人所喜欢的,可是日日在病,财利无法受用,还要破费财利。的确,多余的脂肪会压迫人的心脏,多余的财富会拖累人的心灵。因此,对于真正享受生活的人来说,任何不需要的东西都是多余的,他们不会让自己去背负这样一个沉重的包袱。

## 这样快乐吗

无论世界怎么五光十色,都不要迷失了自我,你要知道自己想要的是什么。

老赵和他的妻子小陈原来同在一家国营单位供职,夫妻双方都有一份稳定的收入。每逢节假日,夫妻俩都会带着5岁的女儿小燕去游乐园打球,或者到博物馆去看展览,一家三口其乐融融。后来,经人介绍,老赵跳槽去了一家外企公司,不久,在丈夫的动员下,小陈也离职去了一家外资企业。

凭着出色的业绩,老赵和小陈都成了各自公司的骨干力量。夫妻俩白天拼命工作,有时忙不过来还要把工作带回家。5岁的女儿只能被送到寄宿制幼儿园里。小陈觉得自从自己和丈夫跳到体面又风光的外企之后,这个家就有点旅店的味道了。孩子一个星期回来一次,有时她要出差,就很难与孩子相见。不知不觉中,孩子幼儿园毕业了。在毕业典礼上,她看到自己的女儿表演节目,竟然有点不认得这个懂事却可怜的孩子。孩子跟着老师学习了那么多,可是在亲情的花园里,她却像孤独的小花。频繁地加班侵占了周末陪女儿的时间,以至平时最疼爱的女儿在自己的眼中也显得有点陌生了。这一切都让小陈陷入了一种迷惘和不安当中。

### 心灵咖啡屋

你是否和小陈一样经常发现自己莫名其妙地陷入一种不安之中,而找

不出合理的理由。面对生活，我们的内心会发出微弱的呼唤，只有躲开外在的嘈杂喧闹，静静聆听并听从它，你才会做出正确的选择。否则，你将在匆忙喧闹的生活中迷失，找不到真正的自我。

## 活得粗糙点

世界太大了，想做的事太多了，可是人生太有限了，能做得过来吗？

一位留学生与同学在洛杉矶朋友路易斯家吃饭。分菜时，路易斯有些细节问题没有注意，客人倒没注意，而且即使发现也不会在意，可是主人的妻子竟毫不留情地当众指责他："路易斯，你是怎么搞的！难道这么简单的分菜，你就永远都学不会吗？"接着她又对众人说，"没办法，他就是这样，做什么都糊里糊涂的。"

诚然，路易斯确实没有做好，但该留学生真佩服这位美国友人，竟然能与妻子相处10余年而没有离婚。在他看来，宁可舒舒服服地在北京街头吃肉夹馍，也不愿意一面听着妻子唠叨，一面吃鱼翅、龙虾。

不久以后，该留学生和妻子请几位朋友来家中吃饭。就在客人即将登门之时，妻子突然发现有2条餐巾的颜色无法与桌布相匹配，留学生急忙来到厨房，却发现那两条餐巾已经送去消毒了。这怎么办？客人马上就要到了，再去买显然已经来不及了，夫妻二人急得团团转。但该人转念一想："我为什么要让这个错误毁了一个美好的晚上呢？"于是，他决定将此事放下，好好享受这顿晚餐。

### 心灵咖啡屋

并非所有的事情都值得全心全意去做。从这个意义上说：人不如活得粗糙一点儿。家是休息的地方，相对舒适整洁一些就可以了。

## 29. 每个人的心中都有一个少年

　　幸福其实很简单：用自己的心聆听自然，你会发现风雨原本很浪漫，岁月如清泉一般；用自己的生命体味生命，你更会发现所谓的烦扰困难，原来是如此的无足轻重。带着一颗简单的心，背上简单的行囊，独自简单地旅行，心会更简单！其实，我们每个人心里都有一个少年。

## 拣净心中的落叶

心静则明白事理，心净则无愧己心。做轻轻松松、清清爽爽的好人，先从净化自己的内心开始。

鼎州禅师与一位小沙弥在庭院里散步，突然刮起了一阵大风，从树上落下了好多树叶。鼎州禅师就弯下腰，将树叶一片片地捡了起来，放在口袋里。站在一旁的小沙弥忍不住劝说道："师父！您老不要捡了，反正明天一大早，我们都会把它打扫干净的。您没必要这么辛苦的。"

鼎州禅师不以为然地说道："话不是你这样讲的，打扫叶子，难道就一定能扫干净吗？而我多捡一片，就会使地上多一分干净啊！而且我也不觉得辛苦呀！"

小沙弥又说道："师父，落叶这么多，您在前面捡，它后面又会落下来，那您要什么时候才能捡得完呢？"

鼎州禅师一边捡一边说道："树叶不光是落在地面上，它也落在我们心地上。我是在捡我心地上的落叶，这终有捡完的时候。"

小沙弥听后，终于懂得禅者的生活是什么。之后，他更是精进修行。

### 心灵咖啡屋

一切污浊皆源于心，有时一点小小的污垢就足可以令人误入歧途。时时检查自己的心灵，切莫让那本是洁净的心灵蒙尘。

## 其实一切很简单

与其困在财富、地位与成就的迷惘里，还不如过着简单的生活，舒展身心，享受用金钱也买不到的满足来得快乐。

一天晚上三更半夜，智通和尚突然大叫："我大悟了！我大悟了！"

29．每个人的心中都有一个少年

他这一叫惊醒了众多僧人，连禅师也被惊动了。众人一起来到智通的房间，禅师问："你悟到什么了？居然这个时候大声吵嚷，说来听听吧！"

众僧以为他悟到了高深的佛旨，没想到他却一本正经地说道："我日思夜想，终于悟出了尼姑原来是女人做的。"

刚说完，众僧就哄堂大笑："这是什么大悟呀，我们大家都知道的呀！"

但是禅师却惊异地看着智通，说："是的，你真的悟到了！"

智通和尚立刻说道："师父，现在我不得不告辞了，我要下山云游去。"

众僧又是一惊，心里都认为："这个小和尚实在是太傲慢了，悟到'尼姑是女人做的'这么简单的道理也没什么稀奇的，却敢以此要求下山云游，真是太目中无人了；竟敢对我们师父这么无理，可恶！"

然而禅师却不这样认为，他觉得智通到了下山云游的时候了，于是也不挽留他，提着斗笠，率领众僧，送他出寺。到了寺门外，智通和尚接过了禅师给他的斗笠，大步离去，再也没有任何留恋。

众僧都不解地问禅师："他真的悟到了吗？"

禅师感叹道："智通真是前途无量呀！连'尼姑是女人做的'都能参透，还有什么禅道悟不出来的呢？虽然这是众人皆知的道理，但是有谁能从这里悟出佛理呢？这句话从智通的嘴里说出来，蕴含着另一种特殊的意义。世间的事理，一通百通啊。"

### 心灵咖啡屋

世界上的事，无论看起来是多么复杂神秘，其实道理都是很简单的，关键在于是否看得透。生活本身是很简单的，快乐也很简单，是人们自己把它们想得复杂了，或者人们自己太复杂了，所以往往感受不到简单的快乐，他们弄不懂生活的意味。

## 留住真我本性

有时我们总把眼光放在外界,追逐于自己所想的美好事物,常常忽视了自己的本性,在利欲的诱惑中迷失了自己。

王羲之的伯父王导的朋友太尉郗鉴想给女儿择婿。当他知道丞相王导家的子弟个个相貌堂堂,于是请门客到王家选婿。王家子弟知道之后,一个个精心修饰,规规矩矩地坐在学堂,看似在读书,心却不知飞到哪儿去了。唯有东边书案上,有一个人与众不同,他还像平常一样很随便,聚精会神地写字。天虽不热,他却热得解开上衣,露出了肚皮,并一边写字一边无拘无束地吃馒头。当门客回去把这些情形如实告知太尉时,太尉一下子就选中了那个不拘小节的王羲之。太尉认为王羲之是一个敢露真性情的人。他尊重自己的本性,不会因外物的诱惑而屈从盲动,这样的人可成大器。

### 心灵咖啡屋

我们常常会羡慕和追求别人的美丽,却忘了尊重自己的本性,稍一受外界的诱惑就可能随波逐流。事实上,每一个人都有自己独有的优点和潜力,只要你能认识到自己的这些优点,并使之充分发挥,你也必能成为某一领域的领军人物。

## 依照本性做事

人们的一切行为都来源于本性,一旦依照这种本性处世,得到的结果往往就是成功。

朋友之中若有人去过迪士尼乐园,相信一定会有这样的体会:当我们在迪士尼乐园穿梭之时，会不由自主地产生一种便捷、舒适的感觉。当然，设计行业之外的人或许不会注意到这些。那么迪士尼乐园的路径设计到底是由谁策划的、他又是怎么做的呢？该设计为何会令世人惊叹呢？这其中有这样一个故事。

世界建筑大师格罗培斯设计的"迪士尼乐园"马上就要对外开放了，然而，各个景点之间的路径该怎样连接，一直还没有具体方案。为此，格罗培斯先后修改了50余次设计方案，但始终没有一次能令他自己感到满意。接到施工部的催促电话，格罗培斯心中十分焦躁，巴黎的庆典一结束，他就让司机驾车带他去地中海海滨。他想清醒一下，希望在回国前能够将方案定下来。

汽车在法国南部的乡间公路上奔驰，这里漫山遍野到处都是当地农民的葡萄园。当他们的车子拐入一个小山谷时，发现那儿停着许多车子。原来这是一个无人葡萄园，你只要在路边的箱子里投入5法郎就可以摘一篮葡萄上路。据说这是当地一位老太太的葡萄园，她因无力料理而想出这个办法。谁知在这绵延上百里的葡萄产区，总是她的葡萄最先卖完。这种给人自由，任其选择的做法使大师深受启发。

回到住地，他给施工部拍了份电报：撒上草种，提前开放。

在迪士尼乐园提前开放的半年里，草地被踩出许多小道，这些踩出的小道有宽有窄，优雅自然。第二年，格罗培斯让人按这些踩出的痕迹铺设了人行道。

1971年，在"伦敦国际园林建筑艺术研讨会"上，迪士尼乐园的路径设计被评为世界最佳设计。"顺其自然，顺乎本性；给人自由，任其选择"，这便是格罗培斯成功的关键所在。

### 心灵咖啡屋

没有必要总是做一个跟从者、一个旁观者，只需知道自己的本性就足可以成为一道风景。不从外物取物，而从内心取心，先树自己，再造一切，这才是我们首先要做的。

## 活得真实一点

真我本性常因外物污染而迷惑，进而丧失真我，于是红尘中纷扰迭出。摒除善恶得失的相对价值观念，超越绝对便可发现本性！

有一位女子出身一个平常的家庭，做一份平常的工作，嫁了一个平常的丈夫，有一个平常的家，总之，她十分平常，忽然有一天，报纸大张旗鼓地招聘一名特型演员，演王妃。

她的一位好心朋友替她寄去一张应聘照片，没想到，这个平常女子从此开始了她的"王妃"生涯。

太艰难了，她阅读了大量的关于王妃的书，她细心揣摩王妃的每一缕心事，她一再地重复王妃的一颦一笑、一言一行。

不像，不像，这不像，那也不像！导演、摄影师无比挑剔，一次又一次让她重来。

现在，平常女子已能驾轻就熟地扮演"王妃"了，进入角色已无须费多少时间。糟糕的是，现在她想要回复到那个平常的自己却非常的困难，有时要整整折腾一个晚上。每天早晨醒来，她必须一再提醒自己"我是××"，以防止毫无理由地对人颐指气使；在与善良的丈夫和活泼的女儿相处时，她必须一再地告诉自己"我是××"，以避免莫名其妙地对他们喜怒无常。

平常女子深有感触地对人说："一个享受过优厚待遇和至高尊崇的人，恢复平常实在太难了。"

说这话时，她仍然像个"王妃"。

### ☕ 心灵咖啡屋

假作真时真亦假，许多人都被"戏装"异化了，以至于曲终人散后，还卸不下妆来，也找不到自己。蓦然回首，那些希冀着的，仍需希冀，那些渴盼着的，仍需渴盼。唯独改变了的是自己的本性。扪心自问："我是否在意过自己最真实的内心世界，尊重过自己的本性？"心真的会告诉我们那个最真实的答案。

# 30.
## 心中若有桃花源，何处不是水云间

  春天不是季节，而是内心；生命不是躯体，而是心性；人生不是岁月，而是永恒；云水不是景色，而是襟怀；日出不是早晨，而是朝气；风雨不是天象，而是锤炼；老人，不是年龄，而是心境；沧桑不是自然，而是经历；幸福不是状态，而是感受。心里有春天，心花才能绽放。心中若有桃花源，何处不是水云间？

## 止息心的纷扰

我们只有止息心的纷扰，才不会被外在的苦恼所困厄，因此要解脱烦恼，就在于自我意念的清净。

有一位虔诚的佛教信徒，每天都从自家花园中采撷鲜花到寺院供佛。一天，当她正送花到佛殿时，碰巧遇到无德禅师从法堂出来。无德禅师非常欣喜地说道："你每天都这么虔诚地以香花供佛，来世当得庄严相貌的福报。"

信徒非常欢喜地回答道："这是应该的，我每天来寺院礼佛时，自觉心灵就像洗涤过似的清凉，但回到家中，心就烦乱了。我这样一个家庭主妇，如何在喧嚣的城市中保持一颗清净的心呢？"

无德禅师反问道："你以鲜花献佛，相信你对花草总有一些常识，我现在问你，你如何保持花朵的新鲜呢？"

信徒答道："保持花朵新鲜的方法，莫过于每天换水，并且在换水时把花梗剪去一截；因为花梗的一端在水里容易腐烂，腐烂之后，水分就不易吸收，就容易凋谢！"

无德禅师道："保持一颗清净的心，其道理也是一样。我们生活的环境像瓶里的水，我们就是花，唯有不停净化我们的身心，变化我们的气质，并且不断地忏悔、检讨，改进陋习、缺点，才能不断吸收到大自然的食粮。"

信徒听后，欢喜地作揖，并且感激地说："谢谢禅师的开示，希望以后有机会亲近禅师，过一段寺院中禅者的生活，享受晨钟暮鼓、菩提梵唱的宁静。"

无德禅师道："你的呼吸便是梵唱，脉搏跳动就是钟鼓，身体便是庙宇，两耳就是菩提，无处不是宁静，又何必等机会到寺院中生活呢？"

### 心灵咖啡屋

是啊，只要心静，热闹场中亦可作道场！我们总觉世界喧嚣，因而妄生烦恼，不得安宁，但事实上，只要我们能够丢下妄缘、抛开杂念，哪里不可宁静呢？

30. 心中若有桃花源，何处不是水云间

## 满掌阳光

我们的生活纵然还有很多不完美，但只要有了追求，就能逐渐走近完美。

姑姑总是不由自主地在同事和朋友面前提到她的女儿："小姑娘多伶俐可爱，可惜我实在太忙，不得不把她寄养在亲戚家里。"姑姑兴致勃勃的时候，甚至购买许多花衣服，之后，笑逐颜开地赠送给我们姐妹。

其实，姑姑一生没嫁，亦没过继子女。但是全家一直替她保守着这个秘密，直到她仙逝。姑姑是个各方面均成功的女性，唯独没有婚姻，没有女儿，所以比起她的谎言，她个人生活的缺憾更让人同情。我们体味她、理解她，在潜意识中替她勾勒并完美着女儿的形象。姑姑的岁月里一直存在一个女儿的，那就是对女儿的渴望。

我想起小时候的一件事情，父亲摊开两只宽大的手，给我看上面有什么。

"满掌阳光。"我喜悦地叫。

父亲笑了，他还想试图解释，但话到嘴边，止住了。

### 心灵咖啡屋

手掌的背面，是一大片阴影。一面明，一面暗，这才是摊开的手的全部内容。但是，我们宁可偏信满手都是阳光。这也一定是亲人对我们的美好祝愿。

## 别让心被囚禁

一个胸怀开阔的人，即便身居囹圄，亦可转境，将小小囚房视为三千大千世界；一个心思狭隘、欲念横流的人，即便拥有整座大厦，亦不会感到称心如意。

一个罪犯的"丑事"大白于天下，定罪以后遂被关押在某地区监狱。他的牢房非常狭小、阴暗，住在里面很是受拘束。罪犯内心充满了愤慨与不平，他认为这间小囚牢简直就是人间炼狱。在这种环境中，贪污犯所想的并不是如何认真改造，争取早日重新做人，而是每天都要怨天尤人，不停地叹息。

　　一天，牢房中飞进一只苍蝇，它"嗡嗡"地叫个不停，到处乱飞乱撞。罪犯原本就很糟糕的心情，被苍蝇搅得更加烦躁，他心想："我已经够烦了，你还来招惹我，真是气死人了，我一定要捉到你！"他小心翼翼地捕捉，无奈苍蝇比他更机灵，每当快要被捉到时，它就会轻盈地飞走。苍蝇飞到东边，他就向东边一扑；苍蝇飞到西边，他又往西边一扑。他捉了很久，依然无法捉到。最后，罪犯感慨地说道："原来我的小囚房不小啊，居然连一只苍蝇都捉不到。"

　　感慨之余，罪犯突然领悟到，人生在世无论称意与否，若能做到心静，则万事皆可释怀，若能做到心静，自己也绝不至于身陷囹圄。其实他早该明白，心中有事世间小，心中无事天地宽。

### 心灵咖啡屋

　　"春有百花秋有月，夏有凉风冬有雪；若无闲事挂心头，便是人间好时节。"无论这世间如何变化，只要我们的内心不为外境所动，则一切是非、一切得失、一切荣辱都不能影响我们。而这种状态下，我们的内心世界将是无限宽广的。

## 天堂就在我们心中

　　生活对待每一个人都是公平的，关键是你的心态。其实，真正的天堂就在我们心中，只要我们拿得起、放得下，生活就会充满快乐。

　　有一次，英国游客杰克到美国观光，导游说西雅图有个很特殊的鱼市场，在那里，买鱼是一种享受。和杰克同行的朋友听说以后，都感觉很好奇。

## 30．心中若有桃花源，何处不是水云间

那天，天气不是很好，但杰克发现市场并非鱼腥扑鼻，迎面而来的是鱼贩们欢快的笑声。他们面带笑容，像合作无间的棒球队员，让冰冻的鱼像棒球一样在空中飞来飞去。大家互相唱和："啊，5 条鲑鱼飞明尼苏达去了。""8 只螃蟹飞到堪萨斯。"这是多么和谐的生活，充满乐趣和欢笑。

杰克问当地的鱼贩："你们在这种环境下工作，为什么会保持愉快的心情呢？"

鱼贩说："事实上，几年前这里简直毫无生气可言，大家整天抱怨。后来，众人认为与其抱怨，不如改变工作的品质。于是，大家不再抱怨生活的本身，而是把卖鱼当成一种艺术。再后来，一个创意接着一个创意，一串笑声接着另一串笑声，我们成了鱼市场中的奇迹。"

鱼贩又说："大伙练久了，人人身手不凡，可以和马戏团演员相媲美。这种工作气氛影响了附近的上班族，他们常到这里用餐，分享我们的好心情。一些无法提升团队士气的主管，甚至还专程跑来咨询。"

据说，有时鱼贩们还会邀请顾客参加接鱼游戏。即使惧怕鱼腥的人，也很乐意在热情的掌声中一试再试。每个愁眉不展的人进了鱼市场，最后都会笑逐颜开地离开，手中还会提满情不自禁买下的货，内心似乎也会悟出来一点道理。

### ☕ 心灵咖啡屋

如果你不能改变生活方式，那你就试着去改变自己的生活态度。同样的一件事，你的眼光不同，它在你心目中的价值也就有所不同。把生活和工作当成一种艺术，你才能发现其中的乐趣。

## 不要总是盯着铁窗

同样一件事，思考角度的不同，会对我们产生不同的影响。选择坦然以对，即便你身在牢笼，内心也是自由的；选择沉沦、退避，你将永远离不开这座牢笼。

一次战争中，两名士兵不幸被捕入狱，他们被关在同一所牢房中，牢房设有一个小小的铁窗，这里仅有的一点微弱光线，就是由此射入的。

夜晚时分，二人不约而同地将目光投向窗外，只是他们一个人看到的是冰冷的窗棂，一人看到的是满天的繁星。

看到窗棂的人忧心忡忡："铁窗如此坚固，我究竟要待到何时何日才能脱离禁锢，与家人团聚呢？"

看到繁星的人满心欢喜："真不错，虽然相距遥远，但还能和家人一起看星星！或许，我们正在看着同一颗星呢。"

于是，前者无时不在忧伤中度过，形神憔悴，浑浑噩噩；后者总是一脸向往，憧憬着出狱后的美好生活，丝毫不像是在坐牢。

几年以后战争结束，幸存下来的战俘全部被释放。看到满天繁星的士兵迫不及待地朝着家乡奔去，而看见窗棂的士兵却迟迟没有出来。他死了，早在一年前就死了，是自杀……

### 心灵咖啡屋

人永远不可能一帆风顺，在我们遭遇困境时，怎样去看待它，将决定你一生的成败。既然我们已经无法改变既成事实，那么为何不设法调节自己的心态？不要总是将眼睛盯在铁窗上，换个角度，你就会看到满天的繁星。